黄启团 著

亲密关系

INTIMATE RELATIONSHIP

四川文艺出版社

果麦文化 出品

序 | 从"我"到"我们"

两个本来独立的个体生活到一起,不是一件容易的事。虽然今年是我走进婚姻的第 30 年,我依然这样认为。

当然,在蜜月期,关系是甜蜜的。但蜜月期一过,矛盾、冲突就会接踵而来,我太太甚至抱怨我就是根木头,丝毫不懂得爱。于是,原来的甜蜜美好烟消云散,取而代之的是失望、痛苦。

幸运的是,我有机会走进心理学的世界,开始明白两个独立的"我"是无法亲密的,为了保护这个"我",要么身上长满防卫的刺,要么穿起厚厚的盔甲。原来的我之所以像根木头,就是因为我穿着厚厚的盔甲。两个相互防卫的人又如何能够亲密呢?

亲密,是从"我"到"我们"的过程。在心理学的帮助下,我慢慢卸下自我防备的盔甲,尝试在伴侣面前敞开自己,用真我与对方连接,让两个"我"变成一个"我们"。当我这样做的时候,开始变得有血有肉,就如我太太所说,我越来越像个人了。

尽管我今天的婚姻依然会有冲突和矛盾,但相比以前实在好太多了,30 年的婚姻,依然是一个在亲密、激情和承诺中寻找真我的旅程。所以,我把这个旅程写成了这本书。我相信,"一根木头"都可以做到亲密,你当然也可以遇见更成熟、美满的亲密关系!

那如何才能由"我"到"我们",重塑自己的亲密关系呢?

托尔斯泰在《安娜·卡列尼娜》一书中说:"幸福的家庭都是相似

的，不幸的家庭各有各的不幸。"但以我20多年的婚姻咨询经验来看，可以把这句话改一下，反过来说——"不幸的婚姻都是一样的，幸福的婚姻各有各的幸福。"因为，我发现，不幸的婚姻之所以不幸，是因为绝大多数人都犯了一个致命的错误，那就是错把需求当成爱。

什么是"爱"呢？所谓爱就是，你愿意为你爱的人奉献和付出，希望他的人生因为你而过得更加美好，这种发自内心的付出就叫爱。

需求是索取，爱是奉献。

所以，你对你的伴侣是出于爱，还是只是因为你需要他？

需求的背后是匮乏。

当一个人内心匮乏时，表现出来的其实都是需求。在一段亲密关系中，如果彼此都期待对方来满足自己的需求，一定会以失望告终，因为没有谁可以完全满足对方的需求。当需求得不到满足时，人就会失望。长期失望的累积就会变成抱怨、指责，甚至攻击，原本亲密的关系就会走向冷淡、疏离，这也是大多数关系破裂的根本原因。

而爱的前提是富足。

当一个人内心充满了爱，他自然就懂得去爱别人。因为，爱是内心富足后的自然反应，它是付出、是奉献，而不是索取。当关系双方都愿意为对方奉献，都由衷地希望对方因为有"我"而变得更好时，关系自然会亲密，婚姻自然会幸福。

可惜，我们中的绝大多数人总习惯于在关系中索取，却不懂得奉献。为什么呢？答案很简单，因为我们内在的匮乏。饥饿的人，其焦点都在寻找食物上；而吃饱了的人，自然懂得分享。爱也一样，从小缺爱的人就像饥饿的人一样，会到处寻找爱。可是，一个人永远给不了别人自己都没有的东西，只有充满爱的人才有能力去爱。这就是亲密关系的秘密所在。

如何才能让自己充满爱呢？

一个曾被这个世界温柔以待的人，也会温柔地对待这个世界；一个曾被粗暴对待过的人，往往会用同样粗暴的方式对待这个世界。被爱过才有能力去爱别人。遗憾的是，我们中的大多数人都或多或少地存在爱的缺失。亲密关系中的很多人也并不是不爱，只是爱而不得法。所以，一段关系的美满和幸福，至少需要其中一方开始学习、成长和疗愈，当然，如果双方能够一起成长会更好。这本书讲述了在亲密关系中成长和疗愈的方法，这些方法曾经像一束光一样照亮过我的人生，疗愈了我的亲密关系，我相信同样能疗愈你的亲密关系。我希望把这些光分享出去，照亮更多人的生命。

一段关系的破裂，不仅事关两个人，还关系到几个家庭以及孩子的一生，所以，为了你爱的人和爱你的人，花点时间学习改善亲密关系的方法吧。任何能力都需要用心学习，爱的能力也不例外。我相信，只要你愿意学习和成长，不管你现在的亲密关系如何，以后都可以变得越来越好。

作为一名从业超过20年的心理学导师，我有一个基本原则：做我所讲，讲我所做。所以，我的每一部作品分享的都是自己历经风雨过后的一点收获，以及几十年的心理学从业经验和思考。

我从贫困的小山村到在大都市拥有立足之地，从打工人到老板，从老板到投资人，再从投资人到作家……我的人生实现了层层突破，于是，我写了一本书叫《圈层突破》，分享给更多想要突破固有圈层，从而过上不一样人生的朋友。

我从心理学中汲取了丰富的营养，人际关系也得以改善——从原来的冲突不断，到今天能够跟不同类型的人和谐相处、愉快合作甚至成为朋友。心理学改变了我，我也从中发现了一些人际关系的规律，所以，我写了一本书叫《别人怎么对你，都是你教的》，跟大家分享如何调整自己的人生模式，活出全新的自己。

我曾经穷困潦倒、为钱所困，今天基本实现了财富自由，虽然算不上什么有钱人，但从贫困到富足，我算得上一个"过来人"，也总结了一些赚钱的心得和方法，希望这些心得和方法能够帮那些跟曾经的我一样为钱所困的人早日跳出困局，所以，我写了一本关于财富的书，叫《会赚钱的人想的不一样》。

  我从事心理学传播事业20多年，自己的人生发生了巨大的改变，也见证了数以十万计的学员的人生发生改变。让生命发生改变的工具是语言，我领略了语言的威力，也掌握了一定的语言技巧，所以，我写了一本书叫《改变人生的谈话》。

  通过分享，我影响、帮助到了更多的人，这是我一直以来都在做的一件事情，也是我著书立说的全部理由。

  而这本《亲密关系》，是我至今所思所得最精华也是写得最用心的一本。

  希望它能够真正帮助你解决亲密关系中的困惑。

  最后，感谢我太太在过去30年来对我的包容和接纳，没有她的包容和接纳，我没有机会走到今天。同样，我也希望正在读这本书的你，能给你的伴侣多点包容和接纳，两个不同性别、不同出生背景、不同价值观的人生活在一起，需要彼此顾念才能走得长远。

  愿天下有情人终成眷属，更愿已成眷属的有情人能亲密、幸福地生活。

目录

Chapter1
什么是爱？别错把需求当成爱

那些笑着嫁给"爱情"的人，后来为什么哭了？　3
为什么我们会爱上一个自己讨厌的人？　3
你以为的"爱"，只是错把需求当成爱　15
让你心动的"爱人"，可能是原生家庭模式的重现或翻版　22
为什么有的人离婚后再婚还是不幸福？　24

觉察：婚姻爱情的八种形式，你是哪一种？　27
爱情三元理论：亲密、激情和承诺　27
八种婚姻类型　30
看清楚自己的爱情、婚姻真相后，怎么办？　34

接纳：婚姻里最大的陷阱——强求一致　41
婚姻相似好还是互补好？　41
男人来自火星，女人来自金星　42
为什么上了成长课，反而加速了婚姻的破碎？　46
两个人为什么要结婚？　48
美好婚姻的基础：接纳是改变的前提　49
接纳并不等于接受　55

疗愈：从根本上解决婚姻问题　58
创伤：走不出过去的痛，就无法活出幸福　59
莫名其妙地伤心委屈 可能触发了创伤性经历　62
每个创伤底下都埋藏着无限的资源　64

真正的爱到底是什么？　69
爱是人类进化中的一种基因设置　70
为什么不能持续而热烈地爱一个人？　72
收获幸福前，请先承认自己的匮乏　76

Chapter 2
亲密：两座"冰山"的敞开与连接

冰山原理：冰山下的自己和海面上的他人　81
抱怨，是婚姻中最厉害的"毒药"　81
每个人都是一座"冰山"，并非表面那么简单　83
消失的爱如何找回来？把抱怨变请求　90

应对姿态：好的婚姻是能做到一致性表达　95
指责：以自我为中心，更关注"我"的感受　97
讨好：跟谁都关系好，就是跟自己关系不好　98
超理智：赢了道理，却输了感情　99
打岔：常常能逗乐别人，却逗乐不了自己　101
一致性沟通：让亲密关系变得更亲密　103

感受层面的连接：你不表达情绪，就会带着情绪表达　109
真我：亲密关系是一场寻找真我的旅程　109
防卫层：保护着自己，却也隔绝了爱　112
感受："应该是"和"如是"之间的较量　114
有一种攻击，叫"情绪攻击"　117
如何表达情绪，关系才会更亲密？　120
穿越防卫层和感受层，才能抵达真正的亲密　123

观点层面的连接：君子和而不同　126
香蕉与苹果，爱与被爱　126
每个观点的背后，都有其正面动机　127
事实有真假，观点无对错　129
跟伴侣观点不一致时，该怎么办？　130

需求层面的连接：别错把需求当成爱　132
亲密关系：你的不满是因为需要还是想要　134
"需要"不是问题，"想要"才是问题　137
面对未满足的需求，我们需要彼此顾念　142
在婚姻关系里，彼此顾念才能互相滋养　143
彼此顾念的方式：用对方需要的方式去爱他　146
本章小功课　150

渴望层面的连接：爱是唯一正确的答案　151
一个人永远给不了别人自己没有的东西　153
借假修真：提升支持力，修复亲密关系　157
你若不爱你自己，你便无法来爱我　159
本章小功课　163

我是：你随时可以改写自己的婚姻剧本　164
　他们欺负的真的是你吗？　164
　"我是……"是什么？　168
　爱情中的"南橘北枳"　170
　改写婚姻剧本，重塑亲密关系　175

爱的疗愈：重塑亲密关系　178
　疗愈之旅要经历的三座"城堡"　178
　觉察：看见婚姻的现状和双方的防卫机制　181
　找到亲密关系的"共同敌人"，而不是把伴侣当敌人　184
　所有的疏离都是一种自我保护的防卫　191
　慈悲：看见对方的苦，唤醒自己的慈悲心　193
　责任：不管对方有多错，其中一定有你的责任　195
　请求：情感的依恋是必要的、健康的　197
　连接：宽恕、接纳与爱的表达　199

真正的亲密就是在你的伴侣面前没有恐惧　202

Chapter3
激情：爱情最后都会只剩下亲情吗？

在亲密关系中，如何维持长期的激情？　207
　激情从何而来 跟什么有关？　209
　为什么有的人活着活着就没了激情？　212
　激情是一种能量，要避免不必要的消耗　217
　遭遇"七年之痒"时，如何重新点燃激情？　221
　本章小功课　226

Chapter4
承诺：让亲密关系可以长久的力量

一段好的婚姻，承诺必不可少　229
承诺是人类权衡利弊之后做出的理性选择　232
遵守承诺等于失去自由吗？　237

为什么山盟海誓到头来会变成"空头支票"？　239
如何才能增加婚姻中的承诺？　244
避免破坏承诺的小方法——反击其身　246

结语
完美与卓越：爱的终点不是完美　249

附录
没有坏人，只有病人　256

Chapter

1

什么是爱？
别错把需求当成爱

就像彼得·莱文所说:
"因为每种伤害都存在于生命内部,而生命是不断自我更新的,所以每种伤害里都包含着治疗和更新的种子。"

那些笑着嫁给"爱情"的人,后来为什么哭了?

"这个世界很公平,你以什么样的方式得来的爱情,最后也会以什么样的方式失去。"

——电影《如影随心》

为什么我们会爱上一个自己讨厌的人?

大多数人结婚前都对婚姻有一种美好的憧憬,比如誓词里说的"白头偕老""不离不弃幸福永远",还有所谓的"嫁给爱情"。

这些誓词听起来很暖人心,可是一项心理学研究的数据却让人寒心:那些因为"爱情",尤其是"一见钟情"而靠近彼此的伴侣,至少有80%都坚持不过三个月……即便走进了婚姻殿堂,也未必就能相守到老。2018年民政部数据显示:1987年至2017年,31年来,结婚率连续4年下降,离婚率连续15年上涨,上涨了6.53倍,近5年来晚婚现象明显……

我在课堂上、咨询中也见到太多情侣诉说从相爱结婚时的幸福慢慢走向平淡、冷漠,甚至是恶意攻击、彼此伤害,到最后疲惫不堪的经历。他们说得最多的话是:"我当真是瞎了眼,怎么会嫁/娶了这样的人。"

当初明明爱得死去活来，如今怎么就"瞎了眼"呢？难道当年的爱是假的？

如果是假的，当年怎么会有那么强烈的感觉呢？

如果是真的，今天怎么会觉得自己瞎了眼呢？

当局者迷，旁观者清。也许别人的故事能让你更容易看清自己。

在过去的二十多年里，我做过数不清的婚姻咨询个案，我试着把常见的故事归为如下几个类型：

"幽默大师"与"完美主义者"

王七先生是个典型的幽默大师。他在跟我诉说和太太李一婚姻中的种种痛苦时，都是笑着的，时不时还抖个包袱，像在说脱口秀。

和太太认识是在他的第一份工作中，李一当时是部门主管。他到现在还记得，那天去公司报到时走进李一办公室的震撼：桌椅收拾得干干净净，一尘不染；地板拖得光滑锃亮，走上去能映出人影来……不知道为什么，他对这个比他大好几岁的女人有种着了魔一样的感觉。

李一天天都穿白衬衫，永远熨得笔挺。同事们都私下议论，这是个冰冷、不近人情的女人，但他却不这么看。他看到她无论遇到什么棘手的事都能处理得井井有条，跟她在一起，有一种说不清道不明的安全感。他越来越喜欢她了，于是对她展开了猛烈的追求。

一开始李一就拒绝了，她觉得王七简直太年轻、太冲动了，这不是什么成熟的选择，但抵不住他三年如一日的攻势。更重要的是，跟王七在一起时她感到很快乐，因为王七很会玩，总能变着法子让她开心。最终，他俩走进了婚姻的殿堂。

听到这里，也许大家都觉得，真好，婚姻就该这样"互补"，王七一开始也是这样认为的。当时的他怎么也没想到，结婚是痛苦的开始。

李一的"整齐划一"体现在生活的方方面面：玄关的鞋要仔细摆，挤牙膏必须从底部挤，衣柜的衣服要从浅到深、从厚到薄依次排开，食不言、寝不语……

两人每天都为洗澡换衣服之类的小事吵个不停，他觉得自己找了个

"管家婆",简直烦透了,烦到第一次有了"离婚"的念头。他不知道,当初那个让他着迷的女人,如今怎么就变得那么让人讨厌了呢?难道自己变心了?

我用催眠的方法把王七带回他的童年时才发现,原来他有一个严苛的妈妈,从小就各种控制他——吃东西要"以碗就口",被子要叠成"豆腐块"。可他从小皮得很,没少挨揍。他烦透了,就和妈妈对着干,被子从来不叠,鞋子乱扔,反正买把锁锁住房间,老妈也没办法。

看到这一幕时,他突然惊醒:"天啊,我从十二岁就没和妈妈住一起了,怎么还会找一个和她那么像的人呢?而且,我当时确实被李一迷得死去活来啊……"

是啊,亲爱的读者们,为什么他逃离了一辈子的妈妈,成年后却会被和妈妈类似的女人吸引呢?曾经"爱"得有多深,后来痛苦就有多深。到底是为什么呢?

别急,请看下一个案例。

"受害者"与"迫害者"

可柔是我课堂上的一个学员,她在讲台上让我救救她,说自己在婚姻中变得痛苦而卑微。

起初,故事是很美好的。她二十二岁去银行办业务时初遇现在的丈夫,他在银行上班,帮客户做理财产品,温文儒雅,待人彬彬有礼。

有一次,她把东西落下了,他亲自给她送到单位。她最恨那些粗鲁的男人,因为她父亲就是那样的男人。因此,当这个看起来温文儒雅的男士走进她的世界时,那简直是上天赐给她的礼物,她像灰姑娘遇到白马王子般兴奋,感觉自己掉进了爱河中。

她说,那时候,无论她看到什么,不管是自己单调的灰色水泥公寓,还是楼下污水横流的沟渠,她都能从中看到一片鲜艳的颜色,仿佛有一道彩虹融进了她的双眼。

但是结婚后,噩梦就开始了。有一次她没有及时把食物冻起来,惹得他大动肝火,不仅动手打了她,更恐怖的是,他直接把馊掉的食物往她嘴里塞。她无法想象,这个曾让她疯狂的男人怎么一下子就成了恶魔?不过第二天,他又变回了白马王子,一直跪在地上认错,还买了一条漂亮的连衣裙给她赔礼道歉。

有人说,家暴只有零次和无数次,这个说法很有道理。自从有了第一次之后,就有了后来的无数次。她在每一次被家暴后都决心离婚,可是第二天这个男人的行为又让她心软。从他的忏悔中,她能感受到这个男人是真心爱她的。在没有家暴的日子里,她也认定再也找不到比他更爱她的男人了。

他一次次忏悔,一次次变本加厉,一次次买礼物讨好她,一次次撕碎她的心。家暴就是一种瘾,闸门一次都不能松开,一旦奔泻,就是无边苦海。

她说自己活在苦海里痛苦度日,想要挣脱,可是,那些没有家暴的日子又令她无比留恋,哪怕前方是一片水深火热的苦海……她也说不清到底是为什么,于是让我帮她做个个案。

我带她"回到"原生家庭时发现,其实,她从小就出生在一个充满暴力的家庭。从记事起,父亲就只会做两件事——喝酒和打人。

两三岁的时候她发高烧,家里依旧鸡飞狗跳,没人注意已经烧得不省人事的小孩,送到医院时,医生说再晚来几小时,孩子的耳朵就一辈子聋了。十九岁考上大学后,她再也没回过家,特意嫁了一个文质彬彬的丈夫,以为他不像她父亲那样是赳赳武夫,但是现实却"啪啪"打脸。

她很不解:为什么?我明明嫁的是一个很温柔的人啊,我故意不找和爸爸一样的,怎么还会再次走入地狱呢?

是啊,这是为什么呢?

"讨好者"与"指责者"

雪儿是这么说起和丈夫傲天交往的经历的:

刚认识丈夫时,她觉得一切都像在梦里。那时他已经在大学教书了,是最年轻的副教授，读研的她每每看到他在讲台上侃侃而谈，都一脸崇拜。

他身边不乏追求者，但一堆人里，他却选择了她。他们亦师亦友，她学习从来不主动，作业和论文总是拖拖拉拉的，全靠着他的鞭策，她才能毕业。每当她有压力时，别的男友可能会安慰自己女朋友不要心急，但他却直接指出她的弱点，让她迎难而上。她不能辜负他的期待，于是，努力用最好的成绩回馈他。毕业后，两人走入婚姻的殿堂，成了众人眼中的"高知夫妇"，这可美煞了一众女生。

可是慢慢地，雪儿便觉察出了跟傲天在一起，自己真是苦多乐少：他经常数落她这里没做对，那里没做好；从来不夸奖她，只有指责和打压——

"这么简单的东西都不会，蠢到没药医。"

"就你这低智商，还想升职？"

雪儿越来越觉得，是自己不够好，才总是惹他生气，是自己配不上他。可是，她怎么也弄不明白，自己当年也是当地的高考状元啊，怎么今天就变成了"低智商"呢？雪儿从小就是一个逆来顺受的人，所以，不管傲天如何指责她，她都不会跟他争吵。而且，傲天确实很优秀，是学校最受欢迎的教授之一。

他们俩是熟人眼中的模范夫妻，从来没有人看到过他们吵过一次架，看起来总是那么和谐，而且还有一个学习成绩优异的孩子，这样的家庭实在令人羡慕。不过在婚后的第八个年头，雪儿抑郁了，整个人陷入了崩溃的边缘，直到这时，她都觉得既然自己病了，更不能拖累他。

她来到我的课堂，是傲天带她来的。傲天一再跟我说："团长，你帮我好好治治她，她太自卑了！"

我给他们夫妻分别做了原生家庭雕塑，却得出了一个让所有人都惊讶的结果：这段关系中，比雪儿更自卑的人，是傲天。

傲天是一个自我价值感非常低的男性，从小就在一个充斥着各种差评的家庭氛围中长大，只要不是全年级第一名，他就是差的。他清楚地记得，有一次，他考了全年级第二名，父亲大发雷霆，连饭都不让他吃。为了得到父亲的认可,他只好拼命努力,最终以市高考状元的成绩考上了名牌大学。就算如此,他一刻也不敢让自己松懈下来,他必须用各种头衔来证明自己,因为只要不是第一名,他就会感到十分痛苦。就算是如今,他成了系里最年轻的教授,他依然拼命努力,仿佛后面总有一只老虎在追着他,他一刻也不敢停下来休息。

雪儿跟他不一样,虽然有一个跟傲天父亲性格一样的爸爸,采用各种严苛的手段把她逼成了当地的高考状元,但自从跟父亲分开住后,她就有了一种逃脱魔掌般的解脱感。自离开学校后,她就不再爱看书了,因为当年在父亲的逼迫下读书的感觉实在太苦,她不想再过那样的生活了。正因为如此,同为高考状元的雪儿,在傲天面前才会显得有点"低智商"。

可是,积极进取的傲天当年怎么就看上了不思进取的雪儿呢?更让雪儿很不解的是,既然当年在父亲的逼迫下读书那么"痛苦",自己为何会如此"迷恋"傲天的鞭策呢?自己拼命逃离了父亲的"魔掌",怎么又会主动跳进另一个深渊呢?

"脆弱不堪"与"控制狂人"

依依在向我诉说自己的婚姻时有点喘不上气来。

她说,刚和丈夫雷霆认识的时候,她只是一家外企的小职员。一次参加主管的生日派对,西餐厅里忽明忽暗的暧昧灯光,一群人推杯换盏开着有颜色的玩笑。

隔壁桌一群小混混借着酒劲过来闹事,因为她是这一桌里最年轻漂亮的,所以小混混直接搂着她让她喝酒。公司同事们看着小混混人多势众,谁也不敢站出来为她解围,她吓得牙齿都在打颤。

这时,作为受邀客户代表的雷霆端着酒杯站了起来,挡在她面前,对小混混说:"兄弟,小妹不会喝酒,我代她喝!"拿起一大杯酒直接灌到嘴里。小混混还是不依不饶,继续骚扰依依,身材高大的雷霆拿起一瓶啤酒,往自己头上一砸,手里拿着半个破碎的啤酒瓶,对那群混混说:"有种冲我来!"那气势简直就是电影中的超级英雄!小混混被他强大的气场镇住，都灰溜溜退回去了。

酒局后，他让司机送她回家，自己却撑伞走入雨中，她都来不及说句谢谢。看着他雨中离去的帅气背影，她突然下定决心：非他莫嫁。

后来，她有意借工作之名跟他接近，两人开始熟络、交往，不久后步入了婚姻的殿堂。她觉得，自己像被笼罩在他羽翼之下的小鸟，不用再担心风吹日晒，雨淋雪打。

一晃十年过去了，她现在已经是两个孩子的母亲了，可是，如今的她总想逃离这段婚姻，因为，她在获得想要的安全感的同时，却总有一种让她难以接受的窒息感。

在亲戚朋友眼里，她太幸运了。丈夫事业有成，而且十分宠她，结婚后她都不用上班，家里保姆三四个，从不用她做家务。在别人眼中，她就是幸福的阔太太。那她的窒息感从何而来？原来，她心目中的英雄有着另外的一面，他是个"控制狂"。

家里的大小事情，都是他说了算，甚至她穿什么衣服、交什么样的朋友都要听他的。一旦违背他的指令，当年他拿啤酒瓶砸头的气势就出来了，她吓得气都不敢喘一下。

嫁给他，本就是被他的大丈夫气概所吸引、所倾倒，没想到，他原来对付小混混的气势，而今却对付起自己来了。

这段让外人羡慕的婚姻里隐藏着一些阴影，正如那句话说的："鞋好不好，只有脚指头知道。"这就是她一直想逃离的原因。可是，她却不敢迈出半步，用她的话说："我都快四十岁了，这么多年没有工作，我连自己都养活不了，离开他，我怎么活？"

我在帮她做催眠的时候才发现，她丈夫简直就是她母亲的翻版。依依自幼丧父，母亲扛起了整个家，为了不让别人欺负自己孤儿寡母，一个原本柔弱的女性变得开始扯着大嗓门跟男人说话；她被男同学欺负了，只要告诉妈妈，妈妈就能揪着那个"臭小子"的耳朵一路骂到校长办公室。

她从小就只敢跟在妈妈后面，所有的事情都是妈妈做主——从穿什么衣服、梳什么发型、学什么兴趣班、报考哪所大学……从来由不得自己。

在婚姻中,她又一次复制了童年的模式:一个一直控制,一个脆弱不堪……

可是,自己为什么非要复制这样的模式呢?这个世界上一定有温柔的男性,为什么就吸引不到她呢?哪有人非给自己找虐的呢?找一个和原生家庭相反的人不就行了?

是吗?请看下一个案例。

"情绪化"与"超理智"

在婚姻咨询中,面对那些比较情绪化的案主,我习惯让当事人先从抱怨开始。可晴儿憋了半天,抹眼泪的纸巾都扔了半筐了,还是说不出老公林木到底哪里不好,想了很久憋出一句:"反正是个木头就对了!"

但一开始,晴儿觉得自己嫁了个好老公。

从小到大,自己接触过的男性好像都有一个共同点,就是:脾气大,没本事,爱喝酒。如果不是妈妈能干,一家人只能喝西北风了。晴儿从小就看不起这样的男人,包括她父亲。

但是林木不同,不仅有文化,而且沉着理智,情绪稳定,就算喝酒也会理性克制地不让自己喝醉。恋爱时,她抱怨部门领导给她穿小鞋,自己不想干了,他都能为她分析利弊:不要一时冲动行事,晋升空间有多大,成长范围有多广,先规划好长远的打算,等等。

"男人和男人之间还真是不一样呢,我男朋友的脑子简直太好用了。"那时候她总是这样对闺蜜说,一脸甜蜜。

但结婚后,她有点失落,这个理智的人,理智到不像个人。

她看韩剧哭得昏天黑地,说:"我们也要这样不离不弃。"

他说:"这有什么好哭的,那是演给你看的,假的。"

她试探性地说:"你同事好漂亮,我要是有她那么漂亮就好了。"

他说:"没事,我就喜欢你这种中等的。"

她去逛街,故意盯着一款戒指看了很久,他没任何反应。她只好说:"这款戒指挺好看的。"他却十分认真地对她说:"好看有什么用?又不能当饭吃，傻子才会花钱买这种东西。"

和他争吵，总是自己输，自己从来就没有赢的时候，听起来道理总是在他那一边，可是，自己心里却十分难受。

她抱怨说他变了，不爱她了，他的道理让她无法争辩："怎么就不爱了？你在这个世界上还能找到比我更爱你的男人吗？我所有的钱都交给你，一分私己都不藏，这不是爱吗？家里的房子、车子都写你的名字，我爱你还不够吗？我努力工作，让你好吃好住，这不是爱吗？你以为那些男的晚上吃喝嫖赌，第二天送朵花敷衍一下老婆，那就是爱吗？你就是身在福中不知福！"

她确实无话可说，因为他说的都是事实。林木的个人能力非常强，可以让她不为生计烦恼，除了刚结婚那几年事业起步期让她受了点苦之外，之后她一直过着养尊处优的生活。家里有保姆，她不用像别的女人那样整天忙于家务。不仅如此，林木还是个大孝子，不但把父母照顾得好好的，还把老丈人和丈母娘也照顾得好好的。可是，跟他生活在一起，晴儿总是十分难受。所以，当我问她婚姻有什么问题时，她憋了半天只能憋出那句："他就像个木头！"

我在做了他俩的原生家庭雕塑后发现，这两人简直是一体两面。

林木自幼因为父母体弱多病，小小年纪就承担起了生活的重担，"小大人"的他告诉自己：哭是没用的。这个世界上只有自己是可以依靠的。于是，他渐渐关闭心门，变得喜怒不形于色。

虽然他的内在也很渴望别人的关心、照顾，但因为他得不到，所以干脆让自己别去依赖。于是，他不断地压抑自己内心的需要，硬撑着假装自己没事。不想麻烦别人，也不想被别人麻烦。

而晴儿从小在一个情绪不稳定的家庭氛围中长大，她从小就知道爸爸是一个靠不住的人，也许在她的潜意识中，她发过誓一定不嫁给像爸爸那样没用的男人。所以，当她看到气定神闲的林木时，马上就被他吸引了。

可是，这明明是两个互相需要的人，当初干柴烈火般地走到了一起，最后怎么就把日子过成了一地鸡毛呢？为什么明明相爱，却会互相伤害呢？

如果你从前面的故事中还没有看到你婚姻的影子，那请你继续看下面的故事。

"圣母"与"巨婴"

马丽在台上无奈地说："团长，拯救渣男成了我一生的宿命。"

第一任丈夫，工作不顺就干脆辞职，蜗居在家靠她养；现任丈夫，三番五次赌博欠债，每次被她发现，都痛哭流涕发誓再也不会了，等她累死累活把债还上，马上又会发现新的欠债。

可是，一开始在一起的时候，并没有出现这样的情况。

就比如遇到第一任丈夫，他是工厂里刚来的技术工，家里穷，吃饭时只能榨菜配馒头，她一看到，本能地就走过去把自己饭盒里的肉丸子给了他。

他很感激。

后来，两人越走越近，他一直不敢提结婚的事，觉得自己配不上她。她却觉得他"惹人怜爱"，更是在生活中多帮他一把，偶尔帮他洗洗衣服，为他做饭，他病了她就请假去宿舍照顾他。

后来，他提到自己家里的老母身体已然不行了，想在临终前看到他成家。她想，自己要是再不帮他一把，让他带着对母亲的遗憾愧疚终生，自己还是人吗？于是二话不说就去民政局扯了证。

婚后，她干脆做起了他的"妈"，家里家外一手操持。而他呢？家里的油瓶倒了也不扶一下。在单位他又刚愎自用，得罪了一票人，有一次和领导赌气干脆就辞职，从此以后靠她"养"。

想到以后生个孩子会跟着受累，她只好离了婚。谁知道再嫁还是同样的宿命。

"难道这就是我的命吗？"她在台上哭泣着说。

我在帮她做个案的时候发现，马丽在童年时就是个"小妈妈"。

她自懂事起就知道母亲看不上无能的父亲，所以每天努力工作，成了家里的顶梁柱。父亲不仅无能而且是个地道的渣男，不光养不活自己，还经常在外面跟别的女人鬼混。母亲出去工作后，家里的事情就落在了小小年纪的她身上。于是，她从小就被剥夺了当孩子的权利，承担起了"小妈妈"的责任，照顾家里的弟弟妹妹。潜意识里，"拯救父亲"成了她的责任。能替母亲分忧，她就是好孩子；如果不能，她就一无是处。长大后，她保留了这种行为模式，屡屡选择落魄、无责任无底线的渣男，因为在这些渣男面前，她特别有价值感。

马丽承认，自己有点"享受"照顾别人的感觉。她不明白的是，自己明明讨厌、憎恨父亲，可怎么长大后却总是爱上跟父亲一样的渣男呢？

"小三"与"花心萝卜"

与众多夫妻不同，胡丽晶女士是一个人来做个案的。一次在外地的企业培训课堂上，当我讲到一个人生命中那些重复出现的事情就是一个人的模式时，她课后私底下找我，说她发现自己有一个模式，让她十分痛苦。她今年快四十了，一直没有结婚。

她说："团长，我谈了很多次恋爱，每一次分开都是差不多的原因。"

我问是什么原因，她说："对方都是有妇之夫。"

她找我是因为相处了三年多的男友一直不肯离婚，她说他爱她，她也爱他，可是，她不甘心长期做"小三"，但对方总是用各种理由拖着不离婚。

"如果这次结不成婚，我不会再结婚了。"她绝望地对我说，"这已经是第三次了，每次分开都像死过一回，我再也经不起折腾了。"

她非要让我帮她做咨询，一般来说，在讲课期间我是不接个案的，因为讲课不仅是个脑力活，还是个体力活。但这个个案很特别，尽管有点累，我还是接了。

胡丽晶长得很漂亮，身边一定不乏单身的追求者。可是，她也不知道为什么，自己总能在工作、出差，甚至是酒吧喝酒时，"捡到"各式各样的已婚男。当然，让她心动的男人都相当优秀，现在这一任我认识，因为后来她把他送进了我的课堂。如果不是她告诉我，以我二十多年心理学的功力，我都看不出这是一个会包二奶的"花心萝卜"，因为那位男士不光事业有成、稳重大方，而且思维敏捷，对于他从未接触过的心理学知识一点就通，我十分喜爱这种有才华的学生。

这些男人都说她才是生命中的挚爱，说家里的"母老虎"让自己痛苦。虽然会给她钱花，大多数时候都会跟她腻在一起，但是一到那些重要的节日，他们一定要回家，要陪在太太、孩子的身边。人家每逢佳节倍思亲，她每逢佳节必烂醉，如果不醉，她都不知如何打发那些痛苦的时间。

她为了钱吗？不是！她根本不需要花男人的钱，因为中产阶层的她事业相当成功。那是为了什么呢？

"当然是因为爱情！"她毫不犹豫地回答我，至少她自己是这样认为的。

如果偶然一次遇上那样的男人，可以说是运气不好。可是，为什么她三次都是爱上有妇之夫呢？这种小三式的"爱情"背后，是否藏着某种秘密？

我知道，生命中要是反复出现同样的模式，一定是以前种下了某个"种子"。生命中之所以会反复出现同样的问题，只不过是"种子"在结果而已。

带着好奇，我用时间线回溯的方法，带她回到自己的童年。

原来，丽晶出生在一个重男轻女的家庭，父母一看是个女儿，就把她放到乡下爷爷奶奶家，后来父母又生了两个弟弟，更没精力照顾她了。爷爷奶奶渐渐年纪大了，也没办法照顾她，于是又把她送到了舅舅家。舅舅还好，但舅妈对她嫌弃的眼神让她终生都忘不了。

一个一出生就让父母失望的孩子，一个总被家人遗弃的孩子，她最大的恐惧是不被需要。当有人需要她时，就是她最幸福的时候，也是她的生命最有价值的时候。

有些事业有成、各方面都优秀的有妇之夫，他们在事业上可以指挥千军万马，在公司受到万人拥戴，可是，他们的太太却未必会把他当一回事，毕竟最优秀的人也会有缺点。如果那些挥斥方遒的成功人士家里有一位总是挑毛病的"母老虎"妻子，他们在家里的日子可想而知。

而胡丽晶这种从小就被遗弃的孩子，被生活训练出了一种十分敏感的特质——她很轻易就能感受到别人的情绪需要。当她知道心目中偶像级别的男人被"欺负"时，自然会送出母爱般的温暖，而这份温暖正好就是这类男人所欠缺的。于是，干柴烈火一点就燃，这就是大多数"小三"类型爱情的剧本。

很多人都会认为这些做"小三"的女人是坏女人，是狐狸精。当然，我不排除真有这样的女人。但以团长的经验来看，这些女人并不都是坏女人，她们只是病人而已。

可是，既然双方都正好满足了对方的需要，为什么胡丽晶三次的小三式爱情都没有好的结果呢？很简单，那些被她看上的男人基本上都是某个领域的成功人士，利弊得失他们用脚指头都能算清楚，他们怎么会牺牲家庭、舍去辛辛苦苦赚来的财产呢？所以，像胡丽晶这样的爱情，只不过是他们的"外卖"而已。

你以为的"爱"，只是错把需求当成爱

你是否有过这样一种感觉？一个素昧平生的人，只是第一眼见到就觉得对他很有"感觉"，之前从未通过其他方式对他有所了解，还没来得及和他有任何的互动，就莫名会被他吸引。

上面七个故事，是我在课堂上、婚姻咨询中经常遇到的类型。从这些故事中，我不知道你是否能找到自己婚姻的原型？如果还没有，请听我用心理学方法分析一下婚姻中的一些规律，从这些规律中，我相信你能找到自己的模式，只要你能清楚地了解这些模式，你就能找到让婚姻幸福的钥匙。

也许你会问："为什么我们会'爱上'这些会伤害自己的人呢？"就像那句经典台词所说的："本以为你会为我遮风挡雨，没想到所有的风雨都是你带来的。"为什么会这样呢？

当年你遇到这些人时，就像干柴遇到烈火，氢气遇到氧气，久旱逢甘霖，他乡遇故知……那是一种多么美好的感觉啊，难道这不是爱情吗？如果是，爱怎么会带来伤害？如果不是，那这种感觉究竟是什么？

童年的"味道"

跟大家分享一个小故事。

记得有一次我到江门市办事，江门的同学请我到恩平的一个菜馆吃饭，他点了一道叫"芋苗"的菜。当这道菜上来时，我相当兴奋。我曾环游世界，吃过不同国家和地区各种各样的美食，就算在米其林餐厅吃上千元一份的牛排，都没有过这种兴奋感。但那天几十块钱的芋苗，却让我兴奋不已！为什么会这样呢？难道这盘芋苗有什么特别的秘方？当然不是。

芋苗只是芋头的苗腌制而成的咸菜而已。我是阳江人，小时候家里穷，没钱买肉，平时就靠这种廉价的土制咸菜下饭，这是陪我度过童年的东西，有着特殊的意义。我离开家乡生活已经二十多年了，很少能吃到这种土菜。恩平与阳江相邻，两座城市有着相近的饮食习惯。所以，在这样偶然的机会中，我一下子尝到了童年的味道，点燃了内心某种潜藏的东西。

让我兴奋不已的芋苗，也许你连筷子都不会动一下。同样，有没有一种菜，是你很喜欢，但其他人却"嗤之以鼻"的？比如有人会喜欢吃折耳根、臭豆腐、纳豆等，但另外一些人却难以理解。在别人眼里，这些东西有些"廉价"，甚至有些恶心。但不管有多恶心，就是有人会喜欢，就像团长会喜欢芋苗一样，因为那里有我童年的味道。那是你"熟悉的味道"！正如那句俗语"金窝银窝不如自己的狗窝"。

这就是"爱情"的秘密！食物如此，人亦然。当你遇到某个人的时候，莫名地觉得，他就是那个人，这种感觉是怎么来的呢？是因为他长得帅气靓丽吗？不是，帅哥美女那么多，为什么你不是每一个都有感觉呢？

只是因为，他正好契合了你潜意识深处的某种"熟悉的感觉"。

带着这个常识，你回头再品品前面的七个爱情故事，让他们坠入"爱河"的，是不是都是童年的味道？

故事一中让王七动心的李一，跟他妈妈多么相似！

故事二中的可柔看起来十分讨厌她的父亲，刻意找到了一位看起来跟父亲完全不同的男人。可是，到头来，这个男人却还是跟父亲一样。也许她的潜意识有一种独特的"嗅觉"，能让她"嗅"到老公身上有父亲的特质。

故事三中的雪儿，曾努力逃离父亲的"鞭策"，可当她遇到鞭策她的副教授时，她无法抗拒地掉入爱河了。

故事四中，在母亲控制下长大的依依，遇到具有英雄般气概的雷霆时，她如何能够抵挡得了呢？那是一份多大的安全感啊！她在潜意识中仿佛又回到了被母亲保护的那些温暖又踏实的日子。

故事五中的晴儿跟前面几个稍有不同。表面上看，她并没有找回童年的味道，因为她找的是一位跟父亲的性情完全相反的伴侣。其实，相反的味道也是童年味道的一种，只是另外一种表现形式而已，后面我会详细跟大家说明。

故事六中的"小妈妈"马丽，从小就习惯照顾别人，当她遇到那些需要被照顾的男人时，她内心"爱的火花"就被点燃了。

故事七中，一直被遗弃的胡丽晶，她生命中最大的功课就是被需要，当她遇到那些对她有情感需要的男人时，她生命的价值被放到了前所未有的重要位置。可惜的是，她在找到被需要的感觉时，依然逃脱不了童年被遗弃的命运。

当然，这些故事中的人物都是化名，为了保护当事人的隐私，他们的职业和部分情节也都进行了处理。但故事中的人物特质都是真实的。在我的职业生涯里，这样的故事还可以继续整理出很多很多，看起来五花八门，但它们都有一个共同特点——他们以为的"爱"，只不过是满足了潜意识里的某种需求而已！就像如果你是钉子，你一定会对锤子有感觉，即使另一颗钉子很好，你们也不会走到一起。

著名文学家托尔斯泰曾说过："幸福的家庭都是相似的，不幸的家庭有着各自的不幸。"这句话反着说也是对的："不幸的家庭都是相似的，幸福的家庭有着各自的幸福。"**不幸的婚姻之所以不幸，其根本原因就是错把需求当成爱！**

这里有两个点再跟大家补充一下：

第一，从上面的故事中可以看出，像王七、可柔、依依他们，明明在童年时那么讨厌自己的父母，有的甚至憎恨父母，可长大后为什么还会需要这种童年的味道呢？很简单，任何事物都是复杂的，都是一体两面、一分为二的，就像中国的道家思想"阴中有阳，阳中有阴"一样，再糟糕的事情里面一定隐藏着好的一面，再彻骨的恨里面往往也隐藏着沉甸甸的爱。

以团长喜欢的芋苗为例，其实，我童年很讨厌芋苗，那时候穷，没有什么好菜吃，只能天天吃这种鬼东西，咸咸酸酸的，谁会喜欢啊？可是，正因为当时天天吃，爱的时候吃，恨的时候也吃，这种味道就跟当年的爱恨交织在一起了，在心理学上这叫做"心锚"。心锚，就是会勾起你某些心事的东西。那些让你感觉遇到爱的人，就是一种让你回到当年熟悉味道的心锚。

第二，晴儿明明找了一位跟父亲风格完全相反的老公，怎么还是掉进了痛苦的深渊呢？

心理学领域有两个词——"依赖"和"反依赖"。

依赖，就是我们会依赖某个人，这样就可以不用自己苦苦支撑生活的艰辛和困难。一般依赖型的人都比较"柔弱"，平时显得听话、顺从。

反依赖则相反，是指凡事只靠自己，坚决不麻烦别人，也不想被别人麻烦的"假独立"，他们看起来很有力量、颇具安全感。但是，为什么说他们是"假独立"呢？因为一个心理真正独立的人，既能允许自己有脆弱依赖他人的时候，也能为自己的人生负责。而反依赖型的人，他们内心也很渴望依赖别人，但因为在童年的时候没有得到过，所以干脆把脆弱的自己"武装"在独立的外壳下。

而反依赖还有另一种表现方式，就是找一个和自己曾经无法依赖的类型完全相反的人，继续反向依赖。比如晴儿无法依赖情绪化的爸爸，那就偏要找一个情绪稳定的丈夫反向依赖一样。

像王七、可柔、依依他们，对像父母那样的人有需求，这叫做"依赖"。而晴儿跟他们刚好相反，是对像父母这样的人有一种逃离的需求，这种想要逃离的需求就是"反依赖"。依赖是一种正需求，反依赖是一种刚好相反的需求。既然都是需求，所以，结果都是一样的。

维护自我形象

"童年的味道"只是我对"错把需求当成爱"的一种比喻，我知道有些朋友不满足于比喻，所以，下面我试试用心理学的原理来解释这种现象。要从心理学角度来解释这个现象，必须先了解两个心理学名词：

1. 自我认同

美国心理学家萨提亚女士提出了一个叫"冰山原理"的概念，指的是我们每个人就像一座漂浮在水中的巨大冰山，能够被外界看到的行为表现或应对方式，只是露在水面上很小的一部分，另外的大部分则隐没在水底。如果去探索隐没在水面下的部分，我们会看到影响生命的其他东西，它们分别是：感受、观点、期待、渴望、我是。

冰山最底层的"我是"有两层意义。从表层理解，"我是"是一个人的自我认知，是身份层面的定位，也就是对"我是谁"这个问题的表层回答。在这个层面，通常是一个人的社会角色，比如我是父亲、母亲、老板、职员等。更深一层去理解，则涉及哲学及灵性层面，是对灵魂的终极追问。

那么，"我是谁"是什么意思呢？这是一个十分深奥的问题，我试试从简单的角度让大家有所了解。

以我为例，如果你问我："你是谁？"我会回答你："我是黄启团。"可是，我在叫"黄启团"之前，我又是谁呢？

你养过宠物吗？一般人养宠物，都会为宠物起个吉祥的名字，比如广东人喜欢为小狗起名为"旺财"。一开始的时候，小狗并不知道自己就是"旺财"。可是，当你一遍遍地叫它"旺财"后，它就知道了自己就是"旺财"，这时，你只要一叫"旺财"，它就知道你在叫它。宠物如此，人也一样，这在心理学上称为"自我认同"。

"自我认同"实际上是把心理认知符号化的过程。除了名字之外，我们还会有很多关于"我是谁"的认知。比如，如果父母从小就一直对自己的孩子灌输"你就是个废物"的负面观点，就像你一遍遍地叫你的宠物小狗"旺财"一样，只要重复的次数足够多，这个孩子就会觉得自己真的就是个废物，就算他的意识不承认，他的潜意识深处也会这样认同。

一个人的自我认知大多数都是在童年时期被父母和抚养自己长大的重要他人所内化的。这些认知的总和他是一个人的"身份"，也就是他对"我是谁"的回答。

2. 自我实现

我们再来看看另一个心理规律"自我实现"。这些关于身份的认知无关好坏，只要形成，你就会觉得这就是你的一部分，你就会像维护自己的生命一样去维护它，你会用你的一生去实现它，我把这种现象称为"自我实现"。

这里所说的"自我实现"跟马斯洛的"自我实现"并不是一回事。马斯洛的"自我实现"指的是人们会竭尽所能地使自己趋于完美，让自己的生命活出价值。我在这里所用的"自我实现"这个标签，指的是人们会通过行动实现自己心中的想法，以证明自己是对的。

我曾杜撰过一个故事来说明这种规律：

有一位算命先生算命很准，很有名气，方圆几百里的人都专程前去找他算命。他会算别人，当然也会算自己。有一天，他掐指一算，不得了，他算定自己在某年某月某日有一劫过不去，注定要在那一天离开这个世界。当一个人知道自己什么时候会死，当然会在死之前为自己安排好后事。在安排后事的过程中，消息被他的信徒们知道了。到了他要走的那天，他的亲戚朋友以及信徒们都来到他家准备送他最后一程。这位算命先生在安排好所有的事情之后，就没什么事情可做了，只好一个人关在自己的房间里等死。可是，他从早上等到晚上，一点要死的迹象都没有，眼看就要到午夜十二点了，子时一过，就不再是他算定的那一天了。如果他在算定的那一天没死的话，他前半生的英名不就毁了吗？为了维护自己前半生的英名，这位算命先生做了一个艰难的决定——他自杀了！他算得真准！！！

这位算命先生是怎么死的？对，他是被自己算死的！也许你会觉得团长杜撰的这个故事很荒唐，可是，你我何尝不是如此？当我一旦认同我就是"黄启团"之后，我会用生命去维护这个名字，谁说"黄启团"不好，我会跟谁拼命。同样，一旦你认同你是个穷人，你就会用一生去证明你就是一个穷人，如果偶然有机会获得一大笔钱，你一定会尽快把它花掉，因为钱多会破坏你的"穷人"形象。

前面故事中的主人公都是这样。比如依依，嫁给了控制型的老公雷霆，就是在维护自己在妈妈面前的柔弱形象，因为只有通过行动创造这样一个环境，才能维护自己柔弱的自我认同。这种通过行动创造环境，以维持自我形象的过程就是自我实现。

人们对于熟悉的环境会有一种莫名的安全感，哪怕这种熟悉是痛苦的。所以，不管是童年的味道也好，自我认同和自我实现也好，都是对潜意识深层需求的一种满足。人们宁愿选择痛苦地安全，也不愿意为了幸福而冒险，这，就是婚姻中种种怪异现象的心理成因。不仅婚姻如此，人生中的方方面面都是如此，一旦你明白了这些人性规律，你不仅婚姻会幸福，事业也会越来越成功。

让你心动的"爱人",
可能是原生家庭模式的重现或翻版

为什么"错把需求当成爱"会造成婚姻不幸福呢?能找到一个刚好满足自己需求的人相伴一生不是一件很幸福的事情吗?

是的,理论上是这样,可是,在这个世界上真的有人能满足你的需求吗?

我们回到前面我还没讲完的故事。那一次我在恩平餐厅,朋友点了芋苗,我异常兴奋,迫不及待地动筷吃了起来,可是越吃越不是熟悉的味道。我就吐槽说:"你们这个芋苗不正宗啊,我们家乡的才正宗啊!"结果我恩平的朋友说:"怎么可能?我从小就是吃这个长大的,芋苗就是这个味道,这个是最正宗的了。"

看!大家知道婚姻问题出在哪里了吧?这道叫"芋苗"的菜仅仅是跟我小时候吃的芋苗很相似而已,但随着深入地品尝后我发现,它跟我要的童年味道差太远了,于是,兴奋之后就是失望,失望之后就是抱怨……

婚姻也一样,即便这个人再像你的父亲或者母亲,但实际他并不是!所以,没有人可以真正满足你的需求!你的父母当年也不能!更严重的是,婚姻中,在你期待对方满足你需求的同时,对方也同样在期待你满足他的需求。当双方的需求都得不到满足的时候,抱怨就不仅仅是抱怨了,还会激发成为战争。

每个人都想对方满足自己的需求,但谁也无法做到永远满足别人的需求!

各种需要背后包含了太多生命的模式——被吸引时,仅是满足那个曾经相似的需求而已;随着了解的深入,越来越多的需求无法满足;随着失望的增多,你开始屏蔽对方真实的模样,放大对方的缺点,原来的"爱"不仅会荡然无存,而且还会滋生出很多恨来。

所以,因为需求而结合的婚姻怎么会幸福呢?当你带着需求去寻找婚姻对象时,实际上就是一种索取,这跟"爱"刚好是背道而驰的。

什么是爱？爱是内心充满后的溢出，是你很想为某人付出一切的那种感觉。爱是给予而不是索取，只有当你找到了那位你愿意心甘情愿给予的人，希望他活得幸福时，那才是真爱。爱，是一种无条件的付出，是一个人心灵富足之后的表现。至于如何才能找到真爱？我会在后面的文章中阐述。

一个饥饿的人只会索取，一个心灵富足的人才有能力去爱。就像一个饥饿的人，其焦点在寻找食物；一个肚子饱胀的人自然会分享食物一样。所以，错把需求当成爱，那种所谓"爱"的感觉一定不会长久，因为那种所谓的"爱的感觉"只不过是需求被暂时满足后的快感而已。

很多恋爱中的情侣，初期就是因为一点不起眼的温暖细节坠入情网的。比如对方给你夹菜帮你提包、对方在阳光下微笑、对方身上散发的香水味，都有可能对你产生强烈的吸引，请不要以为这就是爱，这仅仅是需求被满足后的感觉而已。就像一个从未尝过蜜糖的人偶尔尝到糖精的感觉一样，以为那就是甜蜜的味道，其实，那仅仅是甜味素，糖的替代品而已。

请注意！你遇见的那些让你心动的"爱人"，很可能都是原生家庭模式的重现或翻版。譬如你渴望温暖，却被温暖灼伤；渴望力量，却被力量击倒；讨厌酒鬼，却嫁给了酒鬼；讨厌暴力，却频频受虐……这绝不是偶然，也不是直觉，而是潜意识在背后推动的结果。

"长大后，我就成了你。"原生家庭的烙印是如此无声无息，又如此地刻骨铭心，它在我们呼吸过的空气、咀嚼过的饭食中，在言语之前，在行动之先。

那些耳濡目染的说话方式、行为模式，早在我们有意识之前就浸入到了骨髓之中，一经触发，立刻复现。

如果你不去看见这些影响你一生的模式，你将一生都在渴求满足童年未满足的需求的路上，这就是"错把需求当成爱"的悲剧。

为什么有的人离婚后再婚还是不幸福？

文章看到这里，似乎有点绝望，好像我们人生幸福与否早在原生家庭时就决定了一样。但我并不同意原生家庭决定论，因为我在实践中发现，生长在同类原生家庭中的不同的人，会有着截然不同的人生。就算生活在同一个家庭中的双胞胎兄弟姐妹，也会有着不同的命运。所以，原生家庭并不能决定一个人的命运，你更不能把自己今天不幸的责任都归咎到你父母身上。

如果你发现自己的婚姻就是当年错把需求当成爱的结果，那怎么办？离婚吗？离婚真的是解决一切问题的办法吗？

当然不是！

因为，我在实践中发现，那些离婚的人在好不容易逃离一个陷阱之后不久，又会掉进一个跟原来差不多的深渊。为什么会这样呢？很简单，前面阐述的原理已经讲得很清楚了，如果你依然带着需求去索取，那么必然还会掉到同一个洞中。

离婚仅仅是一种暂时的逃避，并不是解决方案。那什么才是真正的解决方案呢？

我们来看这样一幅画面：如果在某个人每天必经的路上有个坑，他每次经过的时候都会掉到同一个坑里，那怎么办呢？显然，有三个解决方案：

看见那个坑，然后绕开那个坑。

填好那个坑，修好那条路。

选择另外一条通往目的地的新路。

婚姻中的解决方案也一样，大概有以下几个：

1. 对自己的婚姻保持觉察

对自己那些所谓"爱"的感觉保持觉察。觉察，简单来说就是看见，就像你看见沙发上有把锋利的水果刀那样，你能看见它，你就可以选择把它拿起来，放到它该放的位置，从而避免被它所伤害。当你能够看清楚你那些所谓的"爱"仅仅是一种需求时，当你能够看清楚这种需求会导致伤害时，你自然会选择用另一种方式跟你的另一半相处。当然，如果双方都能够看见自己的模式会更好，这样就不会相互索取、相互抱怨、相互指责、相互伤害了。因为，这时你会发现，对方和你一样，都是病人，你的慈悲心就会被唤醒。当双方都有慈悲心时，两人也许会相互理解、相互支持、相互包容、相互接纳，在这种正向的相互扶持下，双方都会得到滋养，爱不就回来了吗？当然，有坑的路并不好走，但至少比一次次掉到坑里强多了。

2. 接纳婚姻的不完美

法国著名作家罗曼·罗兰说："这个世界只有一种英雄主义，就是看清楚了真相后依然热爱生活。"婚姻也是一样，这个世界没有完美的个人，也没有完美的婚姻。因此，看清楚婚姻的真相之后，还需要有接纳伴侣不完美的胸怀和勇气，这样，你才有资格享受幸福的婚姻。当然，接纳并不是一件容易的事情，需要不断地修炼和成长。接纳不仅是一种胸怀，也是一种能力。

3. 疗愈自己的童年创伤

创伤就像一个填不满的深洞，就像一个饥饿的人会到处寻找食物填满自己一样，这就是需求产生的根本原因。只有疗愈这些创伤，你才不会吸引那些伤害你的人。疗愈创伤就像填平路上的坑，走在一条平坦的大道上当然会更容易。更重要的是，当你能够疗愈童年的创伤，你不再饥饿了，自然就不会去索取。盈则溢，当你充满时，你自然愿意为对方付出，于是，爱就回来了。

所谓疗愈，其核心就在于改变你童年时所形成的不良自我认同。自我认同就像你的名字一样，是可以改变的。小狗自己无法改变它的名字，因为它是动物，并没有觉察自我的能力。但是，你是个人，只要你愿意，你可以改变你的命运。当然，专业的事情最好交给专业人士，那才能事半功倍，找一个专业的心理咨询师，会更能帮助到你。

疗愈创伤，改变自我认同，就像改写了生命的剧本一样，原来那个匮乏的自己才会得到爱的滋养。

在爱的滋养下，婚姻哪有不幸福的道理？

4. 走另外一条路

我并不反对离婚，但我坚决反对在没有觉察和疗愈自己的创伤之前贸然离婚，带着满身的伤痛去索取的你，是不会找到幸福的。不仅如此，你还会去伤害另一个人、另一个家庭。既然自己被一段婚姻伤得这么深，又何苦去伤害别人呢？

这个世界并不完美，我们成长的家庭也一样，并不存在所谓完美的原生家庭。因此，不管你出生在什么样的原生家庭，总是有希望的。只要我们勇敢去直面自己的匮乏，疗愈自己的创伤。无论你跟你的伴侣曾经是因为什么而结合，都能重新找到爱。

只有小孩才有资格抱怨，大人要为自己的人生负责任。我们不再是小孩子了，与其去抱怨我们的原生家庭，不如从现在做起，走上一条自我疗愈、自我成长的路。这条路团长走过，所以，团长今天就像一位导游一样告诉你：有一条叫做"心理学"的道路，不仅可以让你婚姻幸福，而且还可以让你人生的方方面面都越来越好。

英国精神分析学家温尼科特说："如果我爱他人，我应该感到和他一致，接受他本来的面目，而非要求他成为我们希望的样子。"要做到这一点并不容易，因为在不了解心理学的相关规律之前，我们往往会错把需求当成爱。

与其祝天下有情人终成眷属，不如祈愿更多人开始学习心理学。因为盲目地结合很可能是伤害的开始。只有清楚地了解自己，明白他人，我们才有能力开启全新的人生。

所以，愿有情人都开始学习心理学！

觉察：婚姻爱情的八种形式，你是哪一种？

知人者智，自知者明。要拥有幸福的婚姻，首先要对婚姻保持觉察。

所谓的觉察，就是看见。只有在看清楚自己的婚姻状况的前提下，你才能对婚姻状况做出调整，让婚姻幸福。

如何才能看清自己的婚姻状况呢？在现实生活中，我们常常看到，有的爱情平静如水，有的爱情激情澎湃；有的爱情亲密无间，有的烽烟四起；有的爱情相敬如宾，有的厮杀不断；有的爱情天长地久，有的则昙花一现。为什么爱情会有这么多不同的表现形式呢？

爱情三元理论：亲密、激情和承诺

在讲述爱情的内在规律之前，先跟大家分享一个小案例。

团长家里养了一只小狗，平时都是我跟太太带它出去遛弯、喂食、洗澡、铲屎；我女儿呢，只会抱它、跟它玩。大家猜一猜，小狗对谁最好？我女儿。我和太太既当营养师，又当铲屎官，小狗的生活全赖我们，我们为它付出了那么多，可是，在它心目中，我们还不如我女儿。我女儿一放学回家，小狗就疯一样地扑向她，看着它跟我女儿那亲密的样子，我还真有点嫉妒。

对小狗来说，谁是最重要的？如果不是我们喂养它、为它铲屎，带它去遛弯，它根本无法生存。但是，小狗为什么反而跟我女儿最亲呢？

这个问题就好比婚姻中的普遍困惑——"我为你付出那么多，外面那个人什么都没为你做，为什么你最终还是选择了他？"

要回答这个问题，我们要先了解一下爱情三元理论。

关于爱情，关于婚姻，美国的心理学家和认知心理学家罗伯特·斯滕伯格曾提出过一个著名的理论，叫"爱情三元理论"。他认为，爱情和婚姻关系由三个基本元素组成，即亲密、激情和承诺。无论是完美的爱情，还是圆满的婚姻，这三者缺一不可。

亲密

亲密是一种情感的连接，是一种心理能量的流动，是心与心之间的交流，是彼此愿意把自己的生活以坦诚、不设防的形式与对方共享。比如说，你跟对方是否聊得来，聊天时你内心是否感觉非常舒服，自己的小心思、小秘密是不是恨不得掏心掏肺地跟他分享，而且只愿意跟他分享。

亲密是一种感觉，不需要理由，不需要条件，甚至可以是你无缘无故地对某人有一种很亲密的感觉。当然，这里所说的"无缘无故"是从普通人的角度来说的。从心理学的角度来看，亲密感的内在是有缘故的，并且是有规律的。这个我在后面会用很大的篇幅跟大家详细讲述。

激情

什么叫激情呢？激情是身体本能的部分，是人类原始的冲动。通俗表达就是，你见到对方就会自然而然地产生一种怦然心动的感觉，内心会涌起一股强烈的想跟对方在一起的冲动。

激情也是一种性能量的流动。说到性，我们千万不要以为性就是一种交配的能量，其实性能量充斥在我们日常生活的方方面面。一个性能量充足的人，他会显得神采奕奕，充满活力。弗洛伊德把性能量称为"力比多"，力比多是一种内在的、原发的动能和力量，是生命的内在原动力。

承诺

承诺就是"我答应你的事情，一定会做到"，言出必行。在婚姻中，承诺就是"执子之手，与子偕老"。承诺的表现方式通常是忠诚，一辈子忠于自己的伴侣。

承诺是理性的力量，是人类的一种智性之光，它是人类大脑发育到一个很高程度的选择——懂得分辨好坏，趋利避害。所以，理性的人就像电脑一样，不会因为情感而干扰自己的决策。

大家知道在棋类竞技中，人类为什么总是赢不了计算机吗？从围棋到象棋，人类都输给了计算机。因为计算机没有情感，它只会计算。一个忠诚的人，也就是一个坚守承诺的人，他的大脑就像计算机一样，只会用数据、用理性分析来判定一件事的好与坏，这样的人通常不受情绪左右，言出必行，因此，他们对伴侣的忠诚度就会很高。

这三个部分分别由人体的三个不同能量中心来驱动。当然，所谓"能量中心"，仅仅是某些心理学家提出来的一种假设。截至目前，并没有足够的医学研究证明这一点。虽然无法用医学来证明，但这种假设对我们理解一个人是非常有帮助的。下面我跟大家简单分享一下这种假设。

这三个能量中心分别为：脑区、心区和腹区。

脑区

脑区驱动的人以大脑为中心。他们讲逻辑、擅推理，讲起大道理来一套一套的。但是，感情不怎么外露，因为他们的心通常是内收的。这类人的大部分能量都集中在大脑，所以他们通常胸腔比较狭窄，呼吸频率快而浅，走路时头会稍微往前倾，如果不小心撞到玻璃门上，一定是头先撞玻璃的。

心区

心区驱动的人以情感为中心，情感丰富，甚至过于敏感，动不动就掉眼泪，因为他们的心是打开的，感情比较外露，丰富而又细腻。

这类人的大部分能量都集中在心区，所以他们通常胸腔比较宽广，呼吸频率比脑区驱动的人慢一点、深一点。走路时胸部突出，如果不小心撞到玻璃门上，一定是胸部先撞玻璃的。

腹区

腹区驱动的人活在本能中心里面。他们生活在与生俱来的本能里，做事冲动、不经大脑，凡事从本能出发。所以，他们行动力强，做事果断，也因为这样，他们经常会做出一些让自己后悔的事。

这类人的大部分能量都集中在腹区，所以他们通常腹腔比较宽广，呼吸频率是最深最慢的一类人。走路时腹部突出，如果不小心撞到玻璃门上，一定是腹部先撞玻璃的。

经过上面的描述，我想大家已经清楚地知道，激情不是情感，而是一种源自身体本能的能量，是一股我很想跟你在一起的冲动——跟你在一起，我就浑身充满了力量。因此，腹区驱动的人比较容易充满激情。

脑区驱动的人注重承诺，因为承诺是一种脑区的能量，是理性的力量。而亲密则是心区能量流动的结果，是一种心与心连接后的美好感觉。

激情是不经大脑的，一经大脑，激情就没有了。比如说情人节，什么样的人会送九百九十九朵玫瑰给女朋友？脑区驱动的人是绝对不会这样做的，他只会偷偷地算一笔账："今天情人节，玫瑰的价格是平日里的三倍，不就一朵花吗？我明天买跟今天买有什么不一样？如果真要送的话，那我明天再买。"但是，腹区驱动的人就容易冲动，"别人买我也要买"，做事完全不计后果，先做了再说。而心区驱动的人讲感受，没有腹区驱动的人那么冲动。

八种婚姻类型

激情是动物的本能，亲密是心与心的交流，而承诺是理性的选择，是人类的智性之光,是人类这种高等动物才有的,动物界很少有。这就是罗伯特·斯滕伯格提到的爱情三要素。当激情、亲密和承诺同时存在时,我们得到的就是完美的爱情。但在现实生活中,无论是爱情还是婚姻,有时候总缺少了点什么,所以斯滕伯格提出爱情有八种表现形式。[1]

第一种类型:喜欢。只有亲密,没有其他。两个人在一起感觉很舒服,也聊得来,但是我对你没有非分之想,也不会给你任何承诺,这种仅仅叫喜欢。一旦有了非分之想,那就进入了另一个阶段。

第二种类型:空洞。只有承诺,没有其他。我只承诺跟你在一起,但是我跟你没有共同的语言,没有心与心的连接。不亲密而且缺乏激情,我们称之为"空洞的爱"。"父母之命,媒妁之言"就是最好的例子。中国古代有很多这种婚姻形式。

第三种类型:迷恋。只有激情,没有其他。这种形式多见于一夜情,聊不聊得来不重要,有没有承诺也没关系,纯粹就是激情的体验。

第四种类型:陪伴。有承诺,有亲密,没有激情。两个人在一起生活得久了,聊得来,很亲密,也会给彼此承诺,但是唯独没有激情,不浪漫。两个人就像左手摸右手,已经没有初恋时那种触电的感觉了,就像亲人一般。

这种类型是最常见的婚姻类型,两个人结婚久了,差不多都会活成这个状态。其实这个状态蛮不错的,只要能唤醒激情就完美了。至于怎么唤醒,我在后面激情部分会详细讲述。

第五种类型:浪漫。有亲密,有激情,但没有承诺。什么叫浪漫?浪漫是不受规则约束,不受世俗的限制,不按常理出牌。比如说,伴侣突然间给你买九千九百九十九朵玫瑰,浪漫不浪漫?浪漫。花这么多钱买玫瑰值不值得?明天有没有饭吃?这些都不用去想,这叫做浪漫。

第六种类型:愚蠢。有激情,有承诺,但没有亲密。双方也许没有

---

[1] 关于罗伯特·斯滕伯格提出的爱情表现形式,还有一种说法是共有七种爱情表现形式,少了"无爱"的这种形式。

太多的了解，也许有代沟，不用有心的敞开，也不需要心的连接，但充满激情，同时也有承诺，该给的费用给，答应的房子也会兑现。当然，这种激情纯粹是生理上的冲动，而没有亲密的承诺不过是一种交易。

也许有读者会问：哪有这样的关系？当然有，那些被包养的关系不正是这种关系吗？包养者会给被包养者承诺，因为新鲜，而且不常在一起，当然也会有激情。

那为什么斯滕伯格会称这种关系为"愚蠢"呢？这种关系是建立在钱和性的基础上的，没有心与心的连接。当钱与性这两者中的任何一个发生变化时，关系立刻崩溃。比如，当包养者生意出现困难，不再有能力像过去那样大把花钱满足对方的需要时，被包养者就会另找金主；又或者，被包养者年龄逐渐增长，人老珠黄，不再像当年那样青春貌美时，包养者也会另行寻找能满足自己性欲的猎物。难道这样的关系还不够愚蠢吗？

第七种类型：无爱。即亲密、激情和承诺都缺失。你也许会问，这三者都没有，两个人又怎么会走到一起呢？当然会，林子大了，什么鸟都有。大千世界无奇不有，就算三者都缺失，两个人还是有可能神差鬼使般地走到一起。

更多的可能性是，本来是有的，但随着时间的流逝，原来有的慢慢消失了。由于各种原因，双方并没有离婚，凑合在一起。这样的关系，斯滕伯格称为"无爱"。

第八种类型：完美。激情、亲密和承诺同时具备，这就是人人都渴望拥有的完美的爱。

在这八种婚姻类型中：喜欢是只有亲密关系；空洞的爱只有承诺；迷恋的爱只有激情；浪漫有亲密，有激情，但是没有承诺；陪伴有承诺、有亲密，但是少了激情；而愚蠢的爱是有承诺，有激情，但是少了亲密；无爱是三个元素都缺失；完美的爱则是激情、亲密和承诺三者兼而有之，人人向往之。

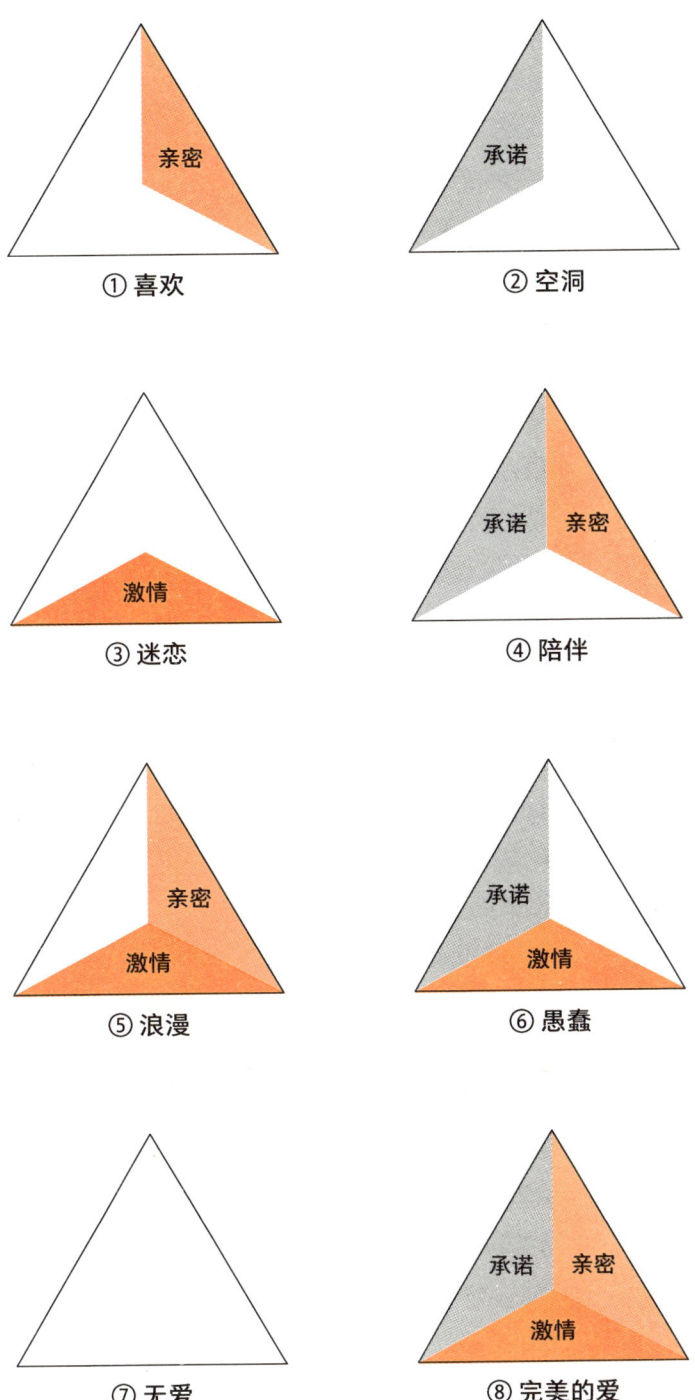

看清楚自己的爱情、婚姻真相后，怎么办？

读到这里，我想各位读者已经清楚地了解自己目前的情感状况了，我知道你会问："那我该怎么办？"

我们都知道，世事古难全。虽然斯滕伯格从理论上提出了"完美的爱情"这一概念，但从团长二十多年心理学的从业经验来看，世间并不存在真正所谓的"完美的爱情"。因为，亲密、激情和承诺这三者既有相互支持的关系，也有相互冲突的关系。

亲密、激情与承诺的关系

亲密会唤醒激情，所以，亲密关系好的伴侣通常比较有激情。

激情会让心扉打开，所以，激情过后会加深两个人的亲密关系。

但任何事情都有两面性，就像阴中有阳，阳中有阴。世间没有一个人是完美的。脑区驱动的人忠于伴侣，很有承诺，但是，跟他生活在一起可能就会很无趣。我就是这样的人。我追我太太追了八年才得偿所愿，以为可以恩爱生活，可是我总被我太太抱怨："你就像根木头一样，一点感情都没有。口里说有多么多么爱我，我却一点都感受不到。"我很冤枉、很委屈，问她："我怎么不爱你了？我赚的每一笔钱都交给你，我的房子写的也是你的名字，这还不够吗？"

我想，我这一问估计问到了很多男性同胞的心坎上了。但可惜的是，我太太的回答让当时的我束手无策："这叫爱啊？你根本就不懂什么叫做爱。"我充满委屈，但又无处诉说，我们当时的婚姻充满了障碍。

对于脑区驱动的人来说，我们确实不懂得情感的表达，我们只会讲各种各样的道理，只会把自认为最好的东西都给到伴侣，我们以为这就是爱情最好的表达。就像我在前面讲过的那个案例一样，我和我太太对小狗百般照顾，而我女儿只做一件事——就是抱它亲它。结果，小狗最喜欢我女儿。理性的人做得最多的就是我和我太太对小狗做的那部分，但就亲密感来说，更重要的其实是我女儿做的那部分。

亲密感是一种感觉，并不是大脑计算出来的结果。所以，你会看到某些人并没有为他们的伴侣做什么,有些人连工作都没有,更不用说为伴侣提供物质的保障了,甚至连自己都养不活,不仅如此,有些人还拿伴侣的钱在外面养小三。从表面看,这些人是典型的渣男渣女,但是他们就是讨人喜欢,你明知道前方是陷阱,但依然欲罢不能。

这就是心区的特点,心区驱动的人善于让你打开心扉,让你感到温暖和开心,但同样也会让你流泪。因为心区驱动的人不太注重承诺,他们是感性的,不是理性的。既然是感性的,就没有什么道理好讲。他对你会这样,对其他异性也一样,他跟谁都可以感情好。

而腹区驱动的人呢,他们看起来一诺千金,行动力十足。如果这一刻他做到了,他就做到了。如果这一刻他无法兑现承诺,那么这事就过去了。从外人的角度来看,他们没有承诺,但他们自己却不这么看。他们会认为,环境变了,当初的承诺当然也跟着变了。所以,腹区驱动的人比较活在当下,他这一刻跟你爱得死去活来,下一刻同样可以跟另外一个人爱得轰轰烈烈。

我们选择伴侣,大多数时候是非理性的,是一冲动没经大脑就答应了他、嫁给了他。而有些人一旦答应了,就会认定对方,坚持非你不娶、非你莫嫁,并且携手白头,这样的人通常是脑区驱动的。而那些爱得死去活来、轰轰烈烈的人,他们分起手来也惊天动地。

所以,当你羡慕别人的伴侣忠诚时,别人也正在羡慕你的激情和亲密呢;当你正在羡慕别人的爱情浪漫时,你所不知道的是,在浪漫的背后有多少不为人知的泪水。

人虽然是高等动物,但终究是动物。如果我们不去觉察,完全按照我们的本能来生活的话,婚姻关系就会和我前面讲过的那个小狗的例子一样。

在婚姻关系里,我们都在有意无意地扮演着某个角色。借由小狗的这个例子,我想请大家思考一下——在家庭关系里,你充当的是我和我太太的角色,还是我女儿的角色?

以前的团长充当的就是我跟我太太的角色,所以我太太就一直抱怨我"你不爱我"。当时的我也不理解,跟着我有得吃、有得住,你有什么问题我都尽自己能力去帮你解决,对你还掏心掏肺的,结果你说我不爱你。

为什么我们的全心全意,换来的却是对方的一句"你不爱我"?其实,这正是我们在婚姻关系里需要觉察的一个点——人的需求是多样化的,仅仅凭自己的本能去满足对方其中的一个需求是不够的。

所以,我们需要觉察,需要学习和成长,需要有意识地改变自己。否则,生而为人,我们跟动物有什么区别呢?

透过我家小狗的案例,你是否悟出了一些婚姻的真谛呢?

你还敢抱怨伴侣不够浪漫吗?

在生活中,我们经常会听到女性朋友抱怨说,伴侣越来越不懂浪漫了。当然,追求浪漫并不是女性的专利,也有男生抱怨自己的伴侣不够浪漫。

从上一节的内容中,我想聪明的你已经明白什么叫浪漫了。但我还是想重点讲述一下这个话题,因为在我的情感咨询经历中,这是不少夫妻关系的"绊脚石"。

那"浪漫"是什么呢?我跟大家分享一个我见证过的最浪漫的故事。

二十多年前,我在一个三线城市开了一家证券代理公司,公司的高管基本上都是从香港、台湾高薪请来的。

记得有一次我们公司聚餐,一个年轻貌美的女孩子点了一碗拉面,吃的时候吐槽说:"这拉面好难吃啊,好怀念兰州拉面啊。"就这么叹了一口气,旁边一位来自香港的高管体贴地问:"你很想吃兰州拉面?我也想。我们一起去兰州吃拉面好不好?"女孩子以为他在开玩笑。结果这位男士直接打了一个票务电话,让对方帮他查一下明天早班飞机去兰州是几点,然后问女孩要了身份证号,订了两张去兰州的往返机票。

我当时惊呆了。一碗拉面也就两三块钱,一张去兰州的机票要两千多,一来一回两个人花销得上万,就为了吃碗三块钱的拉面!这样荒唐的事情谁做得出来?

那个时候的我已经是一个非常理智的人，同时，我也知道这位来自香港的高管是个有妇之夫，所以，我当时对这样的行为嗤之以鼻，这明摆着就是占女孩子便宜嘛，这个女孩子跟他去兰州吃完拉面后会发生什么？明白人稍一动脑就会清楚。这只不过是一场金钱与性的交易而已，所以，我当时对这位高管十分反感，没过多久就把他开除了。

学过心理学之后，我才明白，这种人并不一定是内心邪恶的人，他之所以会做出这样违反常理的事，跟他的内在性格有关。心区驱动的人以情感为中心，他们往往感情用事；腹区驱动的人做事冲动，不讲后果，全凭身体的本能牵引。这两种中心驱动的人都有可能做出这样的事情。像团长这样脑区驱动的人是做不出这样的事情的。因为，我们会计算这样做值不值，这样做的后果是什么？因此，脑区驱动的人是很难浪漫得起来的，因为有太多太多的承诺，受到太多太多的约束。而浪漫恰好就是没有承诺，只有亲密与激情的关系。

因此，追求浪漫的朋友们可要注意了，你是否真的要这种没有承诺的浪漫呢？一个天生浪漫的人，通常是缺乏承诺的啊！这样的人在现实生活中比比皆是。

比如沈从文。"我行过许多地方的桥，看过许多次数的云，喝过许多种类的酒，却只爱过一个正当最好年龄的人。"沈从文写给妻子张兆和的这首情诗曾感动了无数人。可是，当婚姻生活被柴米油盐、鸡毛蒜皮的小事所充斥的时候，沈从文转身就对穿着高跟鞋、烫着时髦头发的高清子一见倾心，而这个时候产子不久的张兆和正躺在医院。

再比如大才子徐志摩。浪漫是真的浪漫，但他的渣也是毋庸置疑的。徐志摩在伦敦留学期间，是张幼仪在他的身边料理一日三餐琐碎家务。可是，他一边满腔赤诚地疯狂追求林徽因，一边却和张幼仪同床共枕。得知张幼仪怀上第二个孩子之后，徐志摩更是一脸冷漠地说："把他打掉。"

像这样的爱情真的是你想要的吗？就像那首歌所唱的："不在乎天长地久，只在乎曾经拥有。"

我相信对于大多数饮食男女来说，这样的浪漫只敢留在幻想中，并不愿意拥有这样的婚姻生活。

当然，团长的意思并不是浪漫不好。请大家想象一下，如果你是前面故事中那位女性，有个男人这样对你，你会不会很感动？我并不是教你们学坏，但是，身为男人，如果你愿意为了你的伴侣完全不计后果地这样浪漫几次的话，你的伴侣会不会感到十分幸福？

以前的团长其实不会算账，认为花几千块钱去兰州吃碗拉面不划算，其实从现在来看，我的算法完全错误。你想想，如果你真的这样做了，你亲爱的太太往后余生都会记住这件事，只要跟闺蜜一吃面，就会满脸幸福、骄傲地说："亲爱的你知道吗？那一年我只是想吃碗兰州拉面，我老公就陪我去了兰州一趟。"这件事会成为你太太一辈子的骄傲以及甜蜜回忆。你说这几千块钱花得值不值？

学习心理学之后，我就开始懂得如何去制造浪漫，带给太太惊喜了。记得有一年，我看到一个公众号推荐说人生必去的三十家酒店，我订了瑞士的一家酒店，我太太入住酒店的时候，推开门惊呆了，透过落地窗，远处纯净绝美的阿尔卑斯雪山尽收眼底。到傍晚时分，晚霞衬得雪山一片金黄，泡在那无边际的恒温泳池里，那感觉妙极了。我找不出更好的词语来形容，总之，那是我迄今为止住过的最漂亮的酒店。我太太问我："多少钱？"我说："不是很贵，两千多。"我不敢告诉她是欧元。她当时还说很值得，后来知道是欧元后，还是被她骂了一顿，但是，骂归骂，我太太脸上的每寸皮肤都在告诉我，她很开心、很满足。我想，那一刻的浪漫也会成为我太太心中永恒的美好吧。

简单说，浪漫就是在理性层面超越所有常规的思维，它超出了所有预期，拿掉了所有理性，破除了过往的条条框框，在非理性的范畴内做一件美好的事，就会让人突然间有一种惊呆了的感觉。

作家毕淑敏曾说过："人的生活中需要偶尔的浪漫和奢侈，这也是生命因此有趣和值得眷恋的理由。"大家现在知道怎样去追求浪漫了吗？一放下承诺，你就浪漫了。不按大脑的逻辑出牌，你就浪漫了。一旦你按照大脑的逻辑去算计玫瑰多少钱一枝、花几千块钱去兰州吃碗拉面值不值，你就浪漫不起来了。但是大家记住，追求浪漫是要付出代价的。

对婚姻而言,偶尔浪漫几次是可以的,也是必需的。但如果长时间这样,并不是每个人都承受得了浪漫的后果,因为,毕竟我们是普通人,是饮食男女,柴米油盐酱醋茶的生活还得继续。

我们要允许婚姻和伴侣存在缺憾

人人都向往完美的爱情、圆满的婚姻,但没有人是完美的,也没有伴侣是完美的。面对不完美的婚姻,我们该怎么办呢?

第一,我们要接纳婚姻的不完美。接纳自己的伴侣不完美,就像接纳自己的不完美一样。

第二,把追求完美变成追求卓越。追求完美会让人充满压力,产生焦虑,影响身体健康,破坏婚姻关系。追求卓越的意思是,我们尽量做到最好,但允许有缺陷。

完美是弥补自己的缺点,卓越是充分发挥自己的强项,接纳自己的弱项。

俗话说,十根手指有长短。既然每个人都有自己的长处,就一定有不足的一面。因此,没必要强求全面发展。

如果婚姻注定不能完美,何必去强求呢?

当然,不强求的意思并不是不作为。完全不作为,按照动物性去生活,那叫"无明"。看清自己的本质,有意地为自己的伴侣去做些自己不擅长的事情,那才是爱的具体表现。

比如,像我这样理性的人,可以有意地去做些浪漫的事情。

如果你本来就是个浪漫的人,那你就需要注意理性一点,保持整体平衡,在你好、我好、大家好的原则下浪漫。

如果你们的婚姻是一种陪伴的关系,可以有意地增加点激情。

总之,缺什么,就去补什么。但千万别拿自己伴侣的弱项去跟别人的强项比。你不可能要求小草长成大树,同样,你也不可能要求大树像小草一样柔软。既然你选择了小草,就享受小草的温柔;选择了大树,就享受大树的刚强。

接纳并不是不去改变，而是在感恩现在拥有的基础上去锦上添花。同时，改变必须从自己开始，因为自己才是一切的根源。夫妻双方是一个系统，任何一方的改变，都会带来整个系统的改变。

要求别人改变，是被动、不可控的，带来的常常是痛苦。只有从自己开始，才是主动、可控的，是成长，是成就，是快乐。

世间安得两全法，不负如来不负卿？所谓的美好爱情，不过是两个人懂得相互包容、相互理解、相互尊重而已。

接纳：婚姻里最大的陷阱——强求一致

上一节我们了解了八种婚姻类型，不管你的婚姻属于哪一种，你都已经对自己的婚姻状况有了觉察。这一节，我们从另一个角度来觉察我们的婚姻。

婚姻相似好还是互补好？

很多人说，好的婚姻是三观相似的。但又有人说，好的婚姻必须是互补的，两个人取长补短，才能生活得幸福。究竟哪个观点对呢？

网上有不少关于爱情匹配度的测试软件，两个人回答了一些问题后，软件会给出两个人匹配度的数据。我知道这些软件背后的逻辑，它们是根据两个人处事模式的相同度来打分的，其背后的原理还是价值观是否相同的问题。也就是说，两个人价值观相同点越多，两个人就越适合在一起生活。这样的测试真的准吗？是不是测试结果分数越高的人，结婚后就越幸福？分数越低的人，离婚的概率就越高？

关于共同价值观理论，在各种有关婚姻的书籍中随处可见。为了让大家更容易理解这个观点，我们可以用一张图来表达，如下图：

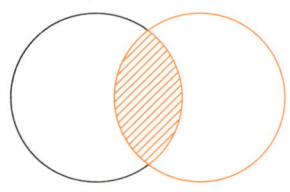

黑色圈代表男人价值观范畴，黄色圈代表女人价值观范畴，而两个圆圈相交的阴影部分就是男女双方共同的价值观。

按照这种理论，交集少就意味着婚姻不幸福；交集越多，就代表两个人越幸福。如下图：

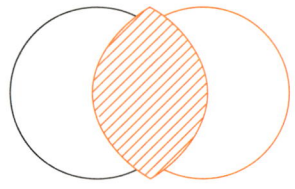

我不知道这种理论是否正确，因为我不是专家，我是"用家"。我只想问一个有意思的问题：这个世界真的存在两个价值观完全相同的人吗？

现代人离婚率很高，离婚的理由有很多，我听到最多的一个是："因为不了解而结合，因为了解而分开。"这个观点的潜台词是："经过了解之后，原来你是这样一个人，我们根本就不是同一个世界的人。道不同，不相为谋，所以，我们要离婚。"

但是，真的需要价值观相同才能幸福地生活在一起吗？

男人来自火星，女人来自金星

讲到婚姻，肯定绕不开约翰·格雷这个人，他是婚姻领域的权威作家。他写的《男人来自火星，女人来自金星》，是目前世界销量第一的一本关于婚姻关系的书。还有一个绕不开的人，叫芭芭拉·安吉丽思，她写过一本畅销书叫《爱是一切的答案》。这两人原本是夫妻，他俩对男人和女人做了大量的研究。下面，我引述他们关于男人和女人之间不同的部分研究成果。

第一，男人把生存放在第一位，女人以依赖为主。

在远古时代，人类生活在原始丛林，男人负责打猎谋生，女人负责生儿育女照顾家庭。为了适应残酷的丛林生活，男人必须把事业和生存放在第一位，如果他打不到猎、无法保全自己，那一家人就要饿死。那个时候的女人要怎样才能不挨饿呢？找个"靠山"——一个强壮的男人。这叫做依赖。

随着社会的发展，男女分工逐渐改变，越来越多的女性追求独立。但无论人类怎样进化、发展，都会带有原始基因的烙印——男人追求生存是本能，女人依赖他人是天性。

第二，男人通过做成事来成就自我，女人通过想象和获得爱就能够成就自我。

对男人来说，做成一件事情很重要，因为那是证明他能力、魅力，获得自我满足的方法，也是他们诠释自己存在的意义、成就自我的最佳途径。所以我们常说，男人通过征服世界来征服女人。

而对大多数女人来说，她们对爱情会有很多想象的成分，她们会在潜意识中不断地美化爱情、美化关系，并通过想象和获得爱来成就自己。所以我们也常说，女人征服男人就可以征服世界。

第三，男人习惯同一时间专注地做一件事，女人可以同一时间做很多事。

为什么这么说呢？这跟我们人类的原始基因遗传有关。远古时代，丛林竞争残酷，危险重重，男人打猎的时候如果不专注，别说打到猎，他自己都有可能成为猛兽的猎物。但女人在家里需要专注吗？不需要，因为家很安全。所以直到如今，她们依然可以同一时间做很多事情，可以一边听音乐一边带孩子，可以一边炒菜一边跟闺蜜聊天。

所以，各位女士，你们要理解男人不能同时兼顾几件事，就像你们要男人理解女人没有方向感经常迷路一样。你们千万不要因此而误会自家老公。我就是那个经常被误会的人，比如说我正专注于写作，这个时候，我太太走过来交代我说，汤煲到几点钟要记得关火。我当时随口就答应了，但其实我是没走心的，因为那个时候我的焦点都在写作上。结果我太太一回家发现汤都煲干了，把我骂了一顿。这都是男人们习惯同一时间专注地做一件事而惹的祸。

第四，男人注重整体大局观，女人更注重细节感受。

面对同一件事，男人一般不会过分纠结于细枝末节的问题，他更注重的是整体大局观，会从事物的大方向来看待问题、解决问题。但是女人们一般只会盯着事情进展过程中的细节。当然，现在有很多独立女性也具备了大局观，有些男人则把细节看得很重。但就整体而言，男人更注重整体大局观，女人更注重细节感受。

你们是不是也碰到过这样的例子？当女人问"吃什么"时，男人给出一个大方向，但对女人来说，这个大方向等于没方向，因为她要的是细节。这就是男人跟女人思维完全不一样的地方。

第五，男人看重结果，更关注如何解决问题；女人在乎过程，主观感受更重要。

以前，我太太还在单位上班的时候，有时候回家会跟我吐槽抱怨说，单位的领导不公平，给他们这一组的任务特别重。我听了愤愤不平："居然敢欺负你？明天你约他出来，我帮你跟他谈谈。"我太太问："你啥意思，干吗要跟他谈？"我说："你不是说他分配任务不公平吗？我来帮你摆平这事啊。"最后，我太太很无语地来一句："懒得跟你说。"

女人们诉说感受时，大多数男人想的是"这件事我可以帮她解决"。其实，她们真正需要的，是表达情绪和被人倾听的过程，她们重视的是过程，是交流本身，而不是急于要一个答案。所以，当女人跟你吐槽、抱怨单位里的事情时，你认真听着就好了，听完之后再加上一句："亲爱的，这份工作不容易，真难为你了，等我赚了钱，我们就不做了，我养你。"

第六，表达需求的时候，男人喜欢直接，女人喜欢委婉暗示。

举个简单的例子，你太太的生日快到了，她想要个礼物，但她不会直接跟你说："亲爱的，我想要个生日礼物。"她会说："老公，我今天跟闺蜜吃饭,她手上的戒指好闪啊,闪得我都睁不开眼了。我从来没见过那么大那么闪的戒指,羡慕死我了。"有的"直男"老公可能会说:"闪到眼睛了啊,那你戴墨镜就行了。"他完全不知道女人这样说是有潜台词的,但女人们偏偏就喜欢这么表达自己的需求。我太太也是这样,有时候我不明白她的意思,她生我气时,我就会跟她说:"你想要什么,直接告诉我不就行了?"结果,我太太来一句:"我直接告诉你了,那还有啥意思?"

男人想要什么就很直接,他们常常是直奔主题一步到位。在这里,我代表男性同胞告诉广大女性朋友一个真相——你不直接告诉他会更没意思,因为他真的不懂你的潜台词和复杂小情绪,你等来的也许会是一肚子的失望和怨气。所以,对于另一半,请学会具体而直接地表达自己的需求,这一点对于婚姻保鲜特别重要。至于如何表达,那可是一门学问,这个我后面会详细介绍。

第七,男人喜欢战斗,要战胜别人;女人要求特别、与众不同。

就算人类发展到今天,科技高度发达,还是活在资源不足的状况下,为了获得足够的生存资源,男人必须战斗。

在远古时代,负责获取食物的是男人,而女人则负责操持家务,所以,不需要活在你死我活的战斗环境中。但她们需要获得强有力男人的注意,所以,她们要打扮自己,让自己漂漂亮亮的。

就算今天生存环境已经发生了巨大的变化,但原来基因里的"烙印"还没有完全改变。这一点在穿着上体现得最明显:男人不怕雷同,而女人就很怕。如果男人发现有人跟他穿得一样,他会很高兴,觉得对方跟他一样有品位。某件衣服穿着很舒服,他们一买就买很多件。我的朋友黄伟强,壹心理的创始人兼CEO,大家看他每天穿的都是黑T恤、牛仔裤,好像三年都不换衣服似的,其实他每天都换的。他买衣服怎么买的?黑T恤一买就是一打,买牛仔裤也是这样。

但女人就不一样,如果她发现身边有人跟自己穿同款,就会浑身不自在,恨不得马上换掉。这些是潜藏在基因里的东西,是人类进化的结果。

类似这样的不同还有很多，团长在这里就不一一列举了，有兴趣的朋友可以自己去看约翰·格雷和芭芭拉·安吉丽思的书。我只想借他们俩的研究告诉大家，男人跟女人的价值观本来就不一样，又怎么能够找到价值观跟自己一样的伴侣呢？正如我们找不出完全相同的两片树叶一样，世界上恐怕也不存在完全重合的价值观。即使有，如果世界上都开同一种花，人们都过同一种生活，这样的世界该多单调、多没意思。既然如此，你还指望你的伴侣跟你的价值观一致吗？

既然无法找到另一个跟自己一样的人，那是不是互补的婚姻就会幸福呢？还记得我在第一节里面跟大家分享的七个爱情故事吗？里面的每一对都是在找一个满足自己需求的人，可是他们为什么也不能幸福呢？

看来，无论是相似，还是互补，都有可能幸福，也有可能不幸福。那是什么决定了两个人的婚姻幸福呢？难道是学习？

为什么上了成长课，反而加速了婚姻的破碎？

在心理界还有一种观点很流行，认为夫妻之间需要共同成长才会幸福。

团长在心理领域工作了二十多年，我发现在心理培训行业有一个普遍的现象，就是不少人本来是希望通过上课改善自己的婚姻状况的，没想到上完课之后，反而加速了自己离婚的速度。为什么会这样呢？团长杜撰了一个小故事来说明这一现象。

在一口井里，青梅竹马的两只小青蛙结成了伴侣，它们虽然每天都只能看到那一小片天空，只能生活在窄小的空间里，但它们以为世界本来就是这么大，因此，那片有限的天空并没有影响它们的恩爱。后来，它们生了一窝小蝌蚪，一家人幸福地生活在那口井里面。

可惜，一只打水的桶改变了这幸福一家的命运。有一天，有人来到这口井打水，其中一只青蛙碰巧落到了桶里，跟着水桶离开了这口井。

当它随桶来到井外后，它惊呆了！原来世界这么大！它忍不住发出了这一生最开心的惊呼："哇，太美了！原来世界这么大这么美！"它好兴奋，但它没有长时间留恋这美好的一切，因为它心里爱着它的伴侣，迫不及待地想跟伴侣分享自己所见到的一切。于是，它毫不犹豫地"扑通"一声跳回了井里，对它的伴侣说："亲爱的，外面的世界好大好美，我们要离开这里，到外面的世界去，我们要改变我们家庭的历史！"

另一只在这口井里安静、幸福地生活了半辈子的青蛙，它已习惯了目前的生活，虽然在一口井里，难免会有些碰碰撞撞的，但对目前的生活还算满意。它看到爱人这兴奋疯狂的样子，冷静地对它说："亲爱的，你是不是被洗脑了？"

已经见过世面的青蛙不放弃，试图继续说服伴侣："外面的世界真的好精彩，我带你出去看一看，你就知道了。"结果，它的伴侣依然冷静地说："亲爱的，别疯狂了，这里挺好的，还有我们的孩子，难道我们一家人这样生活不好吗？干吗到外面去冒险？你不要被别人骗了。"

经过多次努力和劝说无效后，这只见过世面的青蛙突然觉得，喜欢待在舒适圈的伴侣跟自己已经不在同一个层次了，两只小青蛙的关系不再像之前那样恩爱了。它的心里时时刻刻在想着外面的世界，等到那只打水的桶再次出现时，它毫不犹豫地跳进桶里，随桶离开了那个曾经让它感到幸福的安乐窝，到外面的世界去生活了。不久之后，它遇到了另一只青蛙，开启了另一个蛙生故事。

这个故事很像某些课堂里发生的故事对吗？我知道，上过某种课程的读者看到这里会会心一笑。不少同学上了某些心理学的课程之后，发现自己进步了，然后就希望自己的伴侣也去上课，可是，一个习惯了原有生活方式的人，是不太愿意去改变的，因此，不管如何游说，都无动于衷。而那些在学习中尝到了甜头的人，学习是不会停止的。于是，一段时间之后，双方的认知开始出现分歧。再加上某些心理学的老师会在课堂上不断宣扬一个危险的观点，说什么夫妻之间需要有共同的价值观，双方需要共同成长，否则，两个人就应该离婚。因此，就出现了这样一种现象：本来上课是为了改善婚姻，没想到上课却加速了婚姻的破碎。

两个人为什么要结婚？

相似不行，互补也不行，学习成长还是不行，那婚姻的幸福究竟在哪里？要回答这个问题，我们要回头研究一下两个人为什么要结婚。

婚姻多不自由啊！钱锺书先生把婚姻比喻成"围城"，一旦走进婚姻这座围城，你就会受到各种约束，不可以这样，不可以那样，还有很多的麻烦。一个人生活多好啊，想干吗就干吗！所以，我们为什么要结婚？很多人说是因为爱。那什么是爱？就算是有一种东西叫做"爱"，我们因为"爱"而被禁锢、被伤害，这值得吗？

也有人说，结婚是为了找个人照顾自己。需要被照顾的话，我们可以请个保姆，一定比找个老婆、找个老公要照顾得周全；还有人说是为了基因延续，如果婚姻仅仅是为了延续基因，那也不用结婚啊？像动物那样，只要你能找到异性交配，不也是可以延续基因吗？所以，好像这些都不是我们走进婚姻殿堂的真正理由，那结婚的真正理由是什么呢？

这个问题我还真回答不了，我不是社会学家，也不是历史学家，我这本书也不想研究婚姻的起源，我只想从心理学的角度试着去寻找一种让婚姻过得更幸福的途径。

我想请大家假设一下，如果地球因为某种原因，导致人类几近消失，只剩一个你，而且人类创造的财富都还保留着。你想住哪个豪宅就可以住哪个豪宅，你想开哪辆名车就可以开哪辆名车，你想吃什么好吃的就有什么好吃的。你梦寐以求的人生都实现了，人生从没如此自由过。这样过一天开不开心？开心。我们再来想象一下，假如这样过三天会怎样？拿起手机不知道看什么；开心拍个照发朋友圈，没人点赞；想打个电话跟人聊聊，没谁可聊；满腔的爱无处可去，无人可给。这个时候，你会开始感觉到孤独。如果这样度过三个月，我想，你估计会感觉人生绝望，基本上活不下去了吧。

因此，从心理学的角度来看，一个人不仅仅需要自由，还需要与人连接。人会在自由和亲密之间摇摆，自由久了之后就会渴望亲密、渴望婚姻，但婚姻又会让部分自由丧失，于是，在自由与亲密之间，人就会出现矛盾。

我们到底为什么结婚？

从社会学的角度，婚姻制度是人类社会发展到今天的最佳选择，既可以良性地繁衍后代，又能让男人与女人之间很好地分工合作，由婚姻而建立的家庭，是社会上最稳定的基础结构。

从心理学角度看，婚姻可以满足人类的各种需求，如心理需求、生理需求、安全需求、归属需求、依恋需求、情感需求等。

美好婚姻的基础：接纳是改变的前提

既然有需求，就会有结合。但事情总是两面性的，任何的好处背后都会有代价，婚姻也不例外。两个性别不同、成长背景不同、性格不同的人生活在一起，难免会有冲突。面对婚姻中的冲突，我们该怎么办呢？为什么有的人能够婚姻美满幸福，而另一些人却满地鸡毛？和谐幸福的婚姻有什么共同的特点吗？

"万物负阴而抱阳，冲气以为和"，两千多年前，老子已给了我们答案。万物在阴阳交合的过程中，一定会有相冲的一个点。一对夫妻也是阴跟阳交合在一起。阴阳交合，一定是会相冲的。所以，即便是再恩爱的伴侣，生活中也会有各种各样的摩擦和矛盾，会有争吵，会有限制，会有种种要求。既然会有相冲，那该怎么办呢？

老子说："知常乃容，容乃公，公乃王，王乃天，天乃道，道乃久，没身不殆。"什么叫做"知常乃容"呢？就是说，当你知道这是一种常态时，你就能够包容它，你就能够公正地对待它，这是符合天道的做法。当你符合天道时，就能长长久久，终身没有危险。

中国传统的婚姻家庭之所以能够稳定，其中一个很重要的原因是中国文化的包容性。两个兴趣爱好、性格脾气、人生态度、理想追求等都不一致的人要在一起生活一辈子，没有包容和接纳的胸怀是做不到的。

前面讨论过，这个世界没有两个人是一样的，要找到如下图这样的伴侣，几乎是不可能的：

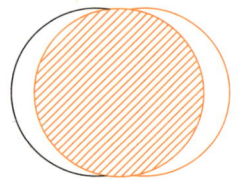

对于大多数的婚姻组合，基本上如下图：

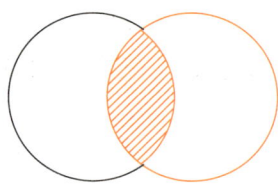

只有小部分相同，其余大部分都不一样。如果因为这样就选择离婚的话，我想，你这辈子大概都不会找到你要的人。那怎么办呢？

佛教有个词叫"放下"，很多人对这个词有很大的误会，以为无欲无求，什么都不追求，就叫"放下"，于是社会上有不少人以此为懒惰的借口，不思进取，不负责任，逃避人生，还以为自己这是"佛系"，其实，这是对佛系最大的亵渎。

那什么才是真正的"放下"呢？

所谓"放下"，就是不要计较，对功名利禄、富贵得失、悲欢离合、嗔恨嫉妒、忧悲苦恼等不再耿耿于怀，它是一种境界。如何才能放下？放下的前提是"放得下"，要放得下，你内心的世界必须足够大。

以实物为例，比如你家的房子有一百平方米，你们一家三口在这样的房子里生活是没问题的，因为房子的空间足够大，放得下你们一家三口。但是，如果你们一家是五代同堂，总共有三十口人呢？很明显，一百平方米的房子放不下你们一家三十口，因为相对于你们这么大的家庭来说，空间实在太小了，小到放不下。

有人说，干吗要那么大呢？我家又没有那么多人，在自己的小世界里过日子也没什么不好啊，井底之蛙又如何？在一口井里生儿育女过一辈子也挺不错的，世界是小了点，但足够了。真的吗？井底之蛙能幸福地生活一辈子的前提条件是——那一口井永远只属于它们，万一哪天来了一条蛇呢？幸福的一家就沦为蛇的早餐了。因为它们的世界太小，实在放不下一条蛇。在湖里生活的青蛙就不一样了，因为湖足够大，容得下不同的动物。就算来了一条蛇，也不至于影响它们一家的生活。

人的心量也是一样的，有大也有小。一个心量大的人，他放得下很多事，比如伴侣跟自己不一样的观点、情绪、需求，他都能放得下。当他的心放得下这些东西的时候，他就会接纳，用另一个说法叫做包容。一个心量大的人，他容得下伴侣的观点、情绪、需求，甚至伴侣偶尔犯的小错误，也都能接纳。你跟这样的人相处时，会感到十分舒服。如果你遇到这样一位伴侣，你的婚姻哪有不幸福的道理？

相反，如果一个人的心量很小，他就无法接受不同的意见，凡是跟他想法不相符的事情他都接受不了，因为他的心太小了，小到放不下那些跟他不一样的观点、行为。当遇到持不同观点的人时，他就会强求别人改变，变得跟他自己一样，如果你不愿意改变，他就会想尽各种办法控制你。你试想一下，跟这样的人生活在一起，你会开心吗？跟这样的人结婚，又怎能幸福呢？这样的婚姻就像一座监狱一样，你在这样的婚姻里待久了，唯一的想法就是逃离。

中文有一个词叫"容忍"，虽然是一个词，但却包含两种完全不同的意思。"容"是一种空间概念，而"忍"是一种心理状态。心里放得下，叫能容；心里放不下，则需要忍。因此，能容，就无须忍。相反，如果要忍，则一定是因为容量不够。

在婚姻中，两个本来陌生的人要生活在一起几十年，他们各自有着不同的成长背景，经历阅历不同，思维模式、生活习惯也各有差别，这样的两个人生活在一起，如果心量不够大的话，又怎能放得下对方的不同呢？

当你心量不够大，无法接纳伴侣的某些行为或者情绪的时候，你通常会有两种反应：

第一，忍受，表现为委屈。

有人说胸怀都是由委屈撑大的，乍一听起来好像很有道理，因为委屈的人不断容忍，后退让步，别人会认为"哇，这个人真的很有胸怀"。甚至还有人就此话题写过一本书，不过，委屈真的能撑大一个人的胸怀吗？我不敢苟同，因为在我做过的个案中，经常会看到，不少人委屈了一辈子，胸怀也不见得会变大。

心理学研究发现，委屈不仅无法撑大胸怀，相反，它还会伤害身体。当一个人长期感到委屈时，会对内攻击自己，情绪会抑郁，身体也会衍生出各种各样的疾病。

在关系方面，当你感到委屈时，你肯定不会有好的脸色给到对方，在性方面也会出现严重的不和谐，这样的夫妻关系又怎么可能好呢？

第二，对抗，表现为抱怨、指责，甚至战斗。

除了委屈和隐忍之外，当你容不下伴侣的某些行为习惯时，另一种相反的表现方式就是对抗，总想改变对方，让对方变成自己想要的样子，这样的结果轻则争吵，重则战斗，无论如何，结果都是两败俱伤。

也许有读者会问："如果伴侣有某些不良的习惯，难道我们不应该去改变他吗？"

当然应该改变，但问题是，如何才能改变？

我们来看一下一般改变带来的后果，如果你的伴侣抽烟，而你不喜欢抽烟。我们都知道，吸烟有害健康，这是应该改变的习惯。但如果你的伴侣一抽烟，你就生气，然后带着情绪指责他、控制他，或者啰唆、抱怨……不管你用什么方式去与这种行为对抗，结果都是一样的，就是你不开心，你的伴侣也不开心。在大家都不开心的状况下，请问你的伴侣会不会改变？难。

你想让伴侣少抽点烟，是出于爱，是为他好，想让他健健康康地多活几年。这份初心是对的，但是这并没有给你的婚姻带来快乐和幸福。相反，大家有没有想过，当你不断跟伴侣争吵的时候，请问他就可以多活几年了吗？当你因为他抽烟这个行为去跟他对抗的时候，两个人的愤怒、冲突，反而可能会让他死得更快！在烟还没把他弄死之前，他早被你给气死了。请问烟和负面情绪，哪个更毒？

对抗并不能带来真正的改变，于是你越对抗，他就越执着，婚姻就越过越不开心。为什么会这样呢？你换个位置感受一下就明白了，如果有人想改变你的某些行为，你愿意被别人改变吗？别人越想改变你，你就越顽固对不对？因为，你拼命都要证明你是对的，这就是人性的规律。

那如何才能真正地改变，让婚姻变得更加美好呢？

接纳才是改变的前提。

当你希望对方改变时，你无疑已经假设了对方是错的，而没有人愿意承认自己是错的，所以，当你想改变他时，他为了证明自己是对的，只能更加固执地坚持原有的行为，这就是改变悖论。

但接纳就不同了，接纳就是在你的世界里，先给这种行为一个允许，先把对方放在对的位置，然后请求对方做得更好。当一个人被接纳后，也就是说当他的某些行为被放在"对"的位置后，他当然愿意变得更好。

以前面抽烟为例，如果你能先接纳抽烟这种行为，你也许可以这样表达：

"亲爱的，我知道抽烟是一个不错的减压方法，而且你抽烟的样子也很帅。不过，抽烟对你的健康不好，我闻到烟味会很难受。而且，你嘴里的烟味会让我不敢跟你接吻，你能少抽点吗？"

如果对方真的爱你的话，听到这样的话，是不是容易接受多了，当然，未必一下子戒得了，但至少他会愿意减少抽烟这种行为，同时，双方的关系也会变得更加亲密，不是吗？

在两性关系中，还有另外一种常见的对抗方式，就是沉默。表面上看，沉默带来的问题好像不大，其实，这也是扼杀两性关系的"元凶"之一。

面对伴侣的沉默，我们该怎么办呢？

一般人会用质问、争吵的方式来寻求对方的响应，比如会跟沉默的伴侣说：

"你怎么老不说话呢?你是个哑巴啊?"

可是,越质问,越想跟对方说话,对方就越不愿意跟你说话,沉默的时间就越来越多。

但是,如果你能给他一个允许,允许他一段时间内不说话,给他一个独处的空间,人总是要说话的,等他想说话时,他自然会找你说话。

心理学研究显示,男人平均每天要吐出两千个字,他心里才舒服。女人会多一点,每天要说七千个字才舒服。如果你老公哪天还有一千个字没说出口,他自然会找你说的,他不说出来睡不着。但是如果你硬要去撬开他的嘴巴让他说,他反而一句话都不想说。当你明白了这一点,你就不会强迫他在不想说话的时候跟你说话了。

我经常要外出讲课,课堂上经常滔滔不绝,一讲就是一两万句话。一堂课讲完,我好几天都不想说话。其实不是我不想说,而是我没话说,我把半个月的话都"透支"了,我还说什么呢?这叫常态。但是当我憋了一个星期不说话,我又会迫切地想找个人说说话,因为我的话又回来了。我们的内心是要储存了一定量的东西,才能有货吐出来的。

接纳,就是让自己的心量变得更大一些,这样,就能够容得下对方更多的与自己不同的观点、行为、情绪等,如下图所示:

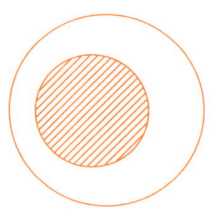

所以,夫妻双方不一定需要共同成长,只要有一方先成长了,自己的心量大了,就能够容得下对方更多的不同,这才是真正的成长。也就是说,只要其中一方成长了,夫妻关系都会变好。

某些人上了一些课程之后,觉得自己成长了,而伴侣还在原地踏步,就认为两个人不是同一个层次、同一个世界的人了,以此为借口抛弃曾与自己共度患难的伴侣，这哪是成长？明明就是堕落！因为上完课后，他的心量不是扩大，而是变得更小了，小到再也容不下自己的伴侣了。

我们来看看物理的世界，通常那些有价值的东西都是有分量的。如果我们把一支笔和一片鸿毛同时扔向空中，有分量的东西都会往下沉，只有鸿毛、尘埃才会往上空飘。那些学完课程就轻飘飘的人，他们自以为进步了，我认为那并不是进步，而是大大的退步，因为，他们因此变成了一颗毫无分量的尘埃。

什么叫成长？成长是你有更大的包容心，能包容更多的人和事，而不是用你的标准来衡量别人、要求别人。

当然，夫妻共同成长会让双方变得更幸福，这本身并没有错（如下图），彼此成长、彼此包容，这样才是真正的双方共同成长。

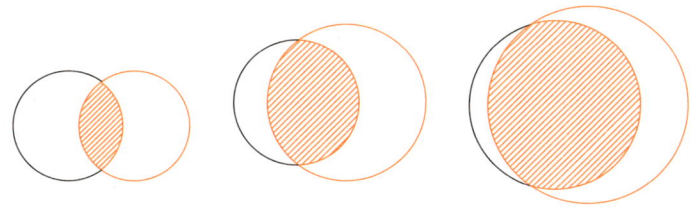

接纳并不等于接受

老子说："知常乃容。"

首先，我们要把夫妻生活中发生的事情看成是一种常态。

什么叫常态？举个例子，大家会因为天下雨、天打雷而生气吗？不会。因为这是一种自然的常态现象。所以，天下雨、天打雷的时候，你会用自己的方式应对它，如果你要出门的话，会穿上雨衣或者撑一把雨伞，你不会跟老天爷生气，因为你知道这是常态，是自然规律。

但是，如果楼上的住户给你泼了一盆水呢？你肯定会暴跳如雷，为什么？心理学有一个"空船效应"，可以解释这一现象。

假设你正在乘船渡河，突然有条船迎面冲过来，撞到了自己的船。你非常愤怒，气冲冲地拿起一把斧头，准备登上那条船跟对方理论。可是当你登上船之后，发现船上空无一人。这时候你会怎么样？原本怒气冲冲，一下子，怒火消失得无影无踪。对不对？

同样一件事，你生气与否，取决于撞来的船上有没有人！

按照这个理论，我们来假设一下，在婚姻关系里，我们会有很多跟伴侣吵架的时候，比如，如果在你生日的时候，你的伴侣毫无表示，你是不是很生气？肯定的。但是，如果你发现你伴侣的"船"上是没人的，也就是说，你发现他失忆了或者是生病了，你还会跟他计较吗？不会。你心中的气会一下子消失殆尽，为什么？因为你知道他这样做是有原因的。试问，谁会跟一个病人计较呢？这就叫"空船效应"。

学过心理学的人都知道，当一个人生气的时候，他的大脑就会缺氧，一个人大脑供氧不足时，是会变笨的。所以，人在生气时往往会做一些蠢事。按照这个原理，生气的人不也是个病人吗？你为什么还跟一个病人计较呢？你之所以会跟一个病人计较，只有一种可能性，就是你也是一个病人。

老子还说过另外一句话："知常曰明，不知常，妄作凶。"意思就是，知道这个常态、规律的人是个明白人，不懂得事物的内在规律，你会轻举妄动，会带来灾难性的后果。

在婚姻关系里，你的伴侣跟你是不一样的，这是常态；他会有各种情绪，也是常态；他会偶尔做错事，这也是常态；两个人有矛盾和冲突，同样是常态……当你明白了这些，你自然就会去接纳，就像接纳老天会打雷、下雨一样。

当然，接纳并不是接受。

面对不良行为，接受是被动的，是消极的，是一种无能为力之后的无奈选择。

而接纳的意思是先把对方放在一个"对"的位置，肯定那些该肯定的部分，然后支持对方变得更好。

可惜的是，在婚姻中，绝大多数人总希望对方跟自己一样："亲爱的，我觉得我这样做是对的，你应该这样做。"如果对方跟自己期待的不一样，就会想尽各种办法、用尽各种手段去控制他、改造他。在开始之初，他或许会因为爱而迁就你、改造自己。但让他经年累月都活在你的紧箍咒下、你各种各样的要求下，他受不受得了？肯定受不了，所以他会挣扎，会跟你对抗。

这就好比你拿着一把大剪刀，试图把一盆原本肆意生长的盆栽，按照你的标准修剪成符合你期待的样子，你每剪一刀，它身上都在流血，它也会痛、会受不了，只是苦于不能表达、无力反抗。

夫妻俩原本就是两个独立的个体，来自不同的原生家庭，有着不同的成长经历和人生体验，有差异、有不同是肯定的。我们不要指望去找一个价值观一致的伴侣。当你学会接纳并有能力欣赏对方的不同，允许对方用自己的方式存在，这样的婚姻才会幸福。

所谓的"共同成长"也是一样，如果你的伴侣愿意跟你一起去学习、去成长，那当然更好。就算对方暂时还没准备好去学习，去改变自己，如果你真的爱他，就应该允许他用自己的节奏去学习，去成长，如果你能这样做，才是真正的成长。否则，如果你听了一两门课程，就强迫你的伴侣跟你一样，如果你的伴侣不愿意，你就选择离婚，这不是成长，是操控，是退步，是堕落。

人生中大多数的痛苦来源于我们强求对方跟自己一样，结果搞到鸡飞狗跳、一地鸡毛。

如果你想拥有美好的婚姻，请接纳对方跟你不一样，允许对方不完美，就像你自己也需要被别人接纳一样。

那为什么我们对伴侣的某些行为总是无法接纳呢？有时是一些很小的事情就会导致自己莫名其妙地愤怒、伤心或者委屈，为什么会这样呢？这很可能跟你过往的创伤有关。

所以，疗愈创伤才能从根源上解决婚姻问题。下一节我们来探讨什么是创伤？看看创伤是如何破坏婚姻的以及如何疗愈创伤。

疗愈：从根本上解决婚姻问题

上一节我们讲了婚姻幸福的基础是包容和接纳。可是，你是否发现，接纳一个人并不是一件容易的事情，有时候，伴侣的一些小小行为根本就无伤大雅，但自己就是莫名其妙地生气或者伤心恐惧，就像鞋子里的沙子一样，虽然细小，但就是硌得慌，让你无法忍受。

我曾接过一对夫妻的个案，讲出来你未必会相信。

夫妻一起白手创业，经过双方共同努力，企业经营得风生水起。我不知道他们有多少身家，但从企业一年产值数亿的规模可以猜测，他们绝对是中国改革开放先富起来的富豪阶层。可笑的是，这样的有钱人却总是为钱争吵，而且绝对是小钱。

"我真不知道这么多年辛辛苦苦为什么？以前穷没办法，但现在有钱了，买点什么都不让买，买的东西稍贵一点就大发雷霆，现在的生活跟以前没什么两样，那辆帕萨特都开了快二十年了，就是不肯换；女儿长大了，房里连卫生间都没有，就是不肯换一套大一点的房子；卫生纸总是买廉价的，擦到屁股都快生痔疮了……我来上您的课被她发现后，搞得好像世界末日似的，这样的日子我没法过了……"

丈夫一坐下来就开始吐槽。按先生的说法，这位太太简直就是个守财奴。这次能来找我做咨询，也是先生逼着来的，为了让她同意来做咨询，先生不惜下最后通牒："如果这种状况不改变，就离婚！"

可是，坐在我面前的太太并不像传统文学作品里描述的守财奴那样——表情严肃，谨小慎微。我看到的是一位温文尔雅、落落大方的女士。对于先生的吐槽，她并没有争辩，大大方方地承认事实，她理智上知道，这些钱他们家花得起，可是不知道为什么，一旦先生花了一些她认为不该花的钱时，她就会莫名其妙地生气。她并不是一个蛮不讲理的人，她说她看过我的书，她也想知道为什么。

我不知道各位读者是否有过类似的经历，伴侣的某些行为会让你十分不舒服，虽然这些行为从理智的角度来说无伤大雅，比如：

伴侣说话稍微强势一点；

伴侣回家稍晚一些；

伴侣穿了某件特别的衣服；

又或者伴侣去了某个地方，跟某人交往。

为什么一些微小的行为就会让你无法接纳呢？要回答这个问题，我们要学习心理学一个常用的概念——创伤（trauma）。

"创伤"这个词我们并不陌生。我猜各位已经不止一次地在文章、电影、电视中听过这个词，大概还知道PTSD（创伤后应激障碍）。关于创伤，人们大多数以为那是影视作品中的事，别人的事，或者是那些惊天动地的大事。殊不知，几乎每个人都经历过创伤，同时，你今天的生活正被过去的创伤所影响。接下来，我就和大家探索一下关于"创伤"的一些基本常识。

创伤：走不出过去的痛，就无法活出幸福

我有位同事，天不怕地不怕，算是一位强势的人，再壮实的流氓她都不会畏惧，但她唯独非常怕狗，什么狗都怕。

我家里养了一只可爱的博美，懂小狗习性的朋友都知道，博美是非常乖巧的宠物狗，人见人爱，没有攻击性。但她每次来我家之前都会畏惧地说："团长，快把你家狗关起来。"不然她就不敢进门，即便只是顺便来我家拿个东西，在门口站一会儿，她也要我把狗关起来。

为什么一个天不怕地不怕的人，偏偏害怕一只根本伤害不了她的小

狗呢？原来，她小时候曾被一只恶狗追逐过、伤害过。幼年的经历给她留下了痛苦的记忆，这种痛苦的记忆就叫做创伤。

心理学领域有个名词叫做创伤后应激障碍（PTSD），是指个体经历、目睹或遭遇到一个或多个涉及他人的实际死亡，或自身或他人受到死亡的威胁，或严重的受伤，或躯体完整性受到威胁后，所导致的个体延迟出现和持续存在的精神障碍。

换句话说，创伤就是人在遭遇或对抗重大压力后，其心理状态产生失调的后遗症。

但这个定义所说的，人们在创伤后产生的应激障碍行为会比较严重，但我并不认同。因为在我二十多年的心理学生涯中，我看到的创伤无法计数，但这些创伤并没有让人产生明显的过激行为，却会给人带来很大的局限性。所以，我对创伤有另一个定义，具体是什么先卖个关子，我先给大家讲个故事。

我们公司课程中有个叫"时间线"的疗法，这种疗法旨在利用心理学的技巧，把当事人带回到过去，处理曾经给我们人生带来创伤的一些事件，让我们能更好地前行。

十多年前的一次"时间线"课程上，一位李姓学员在做完这个练习后，发出一声惊呼："天啊，世界竟然是这个样子！"他瞪大双眼，语无伦次地说，"原来……红色是……这样的……那么鲜艳……"仿佛他这辈子都没见到过红色一般。

为什么他会有此感叹呢？原来，做个案的时候，他回到了小时候的创伤事件里。

那时他才五六岁，坐在亲戚车上的副驾驶位置。我们都知道，小孩是不能坐这个位置的，因为意外来临时对孩子极其危险，可偏偏那天意外真的到来了。他记得当时眼前的挡风玻璃上洒满了鲜红的血迹，满眼的红，那么地刺眼……

治疗的过程中，当他想起这个场景时，他浑身都在发抖、打颤、退缩，仿佛又变回了五六岁时那个被吓坏了的小男孩。

那为什么治疗后他重新睁开双眼会看到不一样的世界呢？

原来，当年挡风玻璃上全是血的那一幕，让幼小的他完全震惊了，他的潜意识为了保护他不受到更大的惊吓，于是选择性地把他对"红色"的感知能力削弱甚至关闭。当他再次看到红色时，已经跟常人眼中的红色不一样了，不再鲜艳也不那么耀眼。

"时间线"疗法疗愈了他对创伤的恐惧，从而打开了他潜意识的开关，所以他又恢复了意外来临前的感知能力。重新看到色彩缤纷的世界的那一刻，他才会发出一声惊呼："原来世界是如此多姿多彩，原来我以前看到的世界都是假的。"

这样的案例数不胜数，其背后都有一个简单的原理，只要你懂得创伤的基本原理，你就能够面对和疗愈自己的创伤，甚至是改变自己的下半生。

为什么这样说呢？请听团长说一下自己对创伤的定义。我认为人在经历了某些痛苦事件后，他的潜意识为了保护自己，要么会选择性地关闭大脑的某些功能，要么会让大脑中的某些反应功能变得过于敏感，从而让行为产生失衡。

所以，创伤后有两种可能的结果：

1.过敏：就是对一些类似以前遭遇的创伤事件过于敏感，以保护自己免于再次受伤。通俗来说，就是"一朝被蛇咬，十年怕井绳"。

2.屏蔽：为了保护自己免于再次受伤，潜意识会选择性关闭某些功能。比如，有些女士曾经被伴侣狠狠地伤害过，为了避免再次被男性伤害，潜意识干脆关闭对男性的兴趣，不再受到异性的吸引。

可以说，创伤是一种让你无法活在当下的心理疾病。怎么理解呢？前文中提及的同事看到小狗会有过激反应，就是因为小时候的事故让她怕狗，大脑中的逃跑功能开始起作用，哪怕只是听到小奶狗的叫声，她就开始恐惧，这叫过于敏感。

什么叫选择性关闭某些功能呢？姓李的那位学员，幼年发生意外时挡风玻璃的画面深深地刺激了他，潜意识为了避免让他体会到类似的痛苦，于是选择关闭了他对红色的感知能力，就是这个原理。

无论是过激反应还是选择性关闭某些功能，都是潜意识为了保护我们而产生的一种能力，这种能力在保护我们的同时，也给我们的生活造成了一些失衡，即便这种失衡未必会像PTSD定义的那样严重，但也是一种心理创伤。

读到这里，我想你大概已经猜到为什么前文中的那位女士只要丈夫一花钱，她就会莫名其妙地生气了，肯定与创伤有关。

你猜对了。经过催眠，我了解到她的一个创伤性经历。原来，在她还没创业成功的时候，他们整个家族都很穷。她妈妈得了尿毒症，需要换肾，可是整个家族都无法筹到足够的钱，最后只好放弃治疗，她伤心欲绝地看着妈妈不舍地离开了他们。

在回顾这件往事的时候，她哭成了泪人，她先生也在旁边陪着她哭泣。这件事发生之后，她对意外总有着过度的敏感，总担心会有意外发生。所以，她不敢花钱，要把钱存起来才放心。这就是她无法接纳先生"乱花钱"的根本原因。

不过，创伤是可以疗愈的。就像美国心理学家彼得·莱文所说："**因为每种伤害都存在于生命内部，而生命是不断自我更新的，所以每种伤害里都包含着治疗和更新的种子。**"

莫名其妙地伤心委屈 可能触发了创伤性经历

在讲如何疗愈创伤之前，我们先来看看巴塞尔·范德考克博士所认为的创伤会给我们带来的四大症状。巴塞尔博士是美国创伤研究领域的权威，他研究发现，受过创伤的人，一般会有以下症状。

1.失去人生的意义

创伤会让人不知道活着有什么意义，也不知道自己到底想要什么。

团长的课程里经常有学员遇到类似的困惑，他们按时打卡上下班，却对工作和生活提不起丝毫热情，当一天和尚撞一天钟，如同行尸走肉一般。严重的需要借助酒精、毒品或其他高强刺激的事情来填充空洞的生活，只有在短暂的刺激下，才能暂时感觉到自己是活着的。

这种状态轻则让人度日如年，严重的时候甚至会让人放弃生命。

2.正常的事件也能引起过激的反应

就像那位怕狗的同事，小狗本是可爱的动物，但即便是可爱的叫声都会让她恐惧，这就是正常的事件引起的过激反应。

有的人被水呛过一次就再也不敢靠近水边，有的人被车撞到过就再也不敢学开车，有的人被虫子咬过后从此不敢再碰绿色植物，有的人被异性伤害过后一辈子选择单身，有的人创业失败后从此不再创业……所谓"一朝被蛇咬，十年怕井绳"说的就是这种反应。

这就是我前面提出的问题的答案。

因为，那些行为触发了你曾经的创伤性经历。

3.正常的事件失去了本该有的反应

这和第二种症状恰恰相反，就像姓李的那位学员对色彩失去了感知能力一样，他选择性地关闭了本该有的反应能力。

生活中还有很多这样的例子，比如很多人在该享受恋爱的年纪，对异性完全失去了兴趣。异性之间的相互吸引是我们动物基因里的本能，因为对异性有兴趣才有利于我们繁衍后代。但这些对异性没兴趣的人未必是同性恋，很可能是在童年的时候被异性伤害过。当一个人被伤害时，大脑就会产生一种"以偏概全"的功能，关闭了对异性的感知能力，他就会把所有异性都打入"冷宫"，本该有的心动、情动都消失了。

在夫妻性生活中，这种状况非常普遍。如果夫妻中有一方在某次性生活中遇到了严重的挫败感，比如被对方的粗暴所伤害，或者被对方嘲笑无能，等等，为了避免被再次伤害，潜意识干脆对性需求采取了屏蔽措施，于是从此对性生活失去了兴趣。

4.无法融入人群

有些人的确不太喜欢跟人交往，但大多数不愿意跟人交往的人，只是对人群的一种隔离。

人是群居动物，我们的内在植入了能互相合作的基因。为什么弱小的人类能够站在食物链的顶端，能够把更强大的狮子、老虎关在笼子里？因为合作让人类有了更多的生存机会。

这种愿意与人交往的能力就像基因中的性本能一样，是能够让我们产生某种快感的。因为只有产生了愉悦的感觉，我们才会愿意去重复做这件事情，从而让种族得以繁衍生息。

人在与人交往的时候，身体会分泌多巴胺、催产素等可以让人愉悦的荷尔蒙，但有些人在与人交往时并不会感到愉悦，因为在他早年和人交往的时候受到了伤害，所以他的潜意识选择性地关闭了这种感知的能力，选择了用隔离的方式保护自己，于是生活中的他们看起来很有距离感。夫妻之间也不例外，两个人虽然在一张床上睡了大半辈子，肉体都已经交合在一起了，但你就是走不进他的心里，仿佛有一堵无形的墙，把他的心与你分隔开来，任何人都无法跟他亲近。

每个创伤底下都埋藏着无限的资源

绝大多数人都是有过创伤的，包括团长在内。每一个创伤都给我们的人生带来了一定的困扰。那我们该怎么疗愈自己的创伤呢？

在讲疗愈心理创伤之前，请容许我先跟大家分享一个身体创伤疗愈的故事。

我的老师苏茜（Suzi Smith）女士，是美国一位专注于心理健康与身体健康关系研究的心理学家。她曾经有过一次身体重伤却没留下疤痕的亲身经历。

有一天，她骑着自行车在路上前行，突然车子磕到了一块石头，她整个人瞬间脸部着地，地面坚硬的石头把她的脸划出了一个大大的口子。一般人受那么重的伤，一定会留下一道难看的疤，可是，她伤口疗愈后皮肤却奇迹般地光滑如初。她是怎样做到的呢？

当医生对她说"你的脸上会留下一道疤痕，也许这一生都很难消失"时，她对医生说："不，一般人会那样，但我不会，我的皮肤会光滑如初。"她为什么这样肯定？因为她前半生都在研究身体与心理的关系，她发现，身体受伤后之所以会留下疤痕，是为了提醒人们以后小心点，不要再犯同样的错误，如果一个人能从这次受伤中学习和成长，并向身体保证不会再犯同样的错误，伤疤就没有存在价值了。

于是，在伤口复原期间，她每天都与自己的潜意识沟通："谢谢你爱我，谢谢你保护我，这次经历让我学习到了，骑车的时候不要分神想其他事情，专注路况，即便是真的撞到了石头无法躲闪，我也会先让肩膀接触地面来抵抗撞击力，而不是让脸部直接着地。谢谢你，我现在学习到了，你以后不用再提醒我了。"

团长也有过类似的经历，小时候我上山砍柴，一不小心砍到了手上，留下了一个长长的疤痕。每次用刀时我都会看到这个疤痕。这个疤痕的存在就是在提醒我，用刀一定要小心，后来我再也没有因为用刀而受过伤。

疤痕从某种意义上说是潜意识为了保护我们而留下来的印记，希望我们能记住这个事件，不再犯同样的错误。心理创伤也是一样的，有些事情我们以为过去了，但想起来心里还会隐隐作痛，这种伤痛其实就是一道心理的疤痕。这道"疤痕"的目的就是为了提醒我们，以后不要再犯同样的错误。

我那位同事小时候被狗伤害过后，她的心里就留下了一道"疤痕"。当她今后再遇到狗时，潜意识为了避免她再次被狗伤害，于是让她产生恐惧心理，远离狗也远离伤害。可是，这道"疤痕"在保护她的同时，也限制了她的人生，从此她与狗再也无缘了。

当然，与狗无缘看起来并不会给人生造成太大的损失。可是，如果当年给她造成伤害的是某个男人呢？潜意识为了保护她不再受男人的伤害，岂不是从此要与男人无缘了？

经商的人也是这样，有人因为投资不当而破产，并不是每一个事业失败的人都能像褚时健一样东山再起，部分人从此"金盆洗手"永远离开商场，有的甚至会阻止子女去经商，老老实实地在有保障的单位谋求一份安稳的工作。

前面那位女士不敢花钱的原理也一样，因为无钱医治母亲这件事在她心里留下了一道深深的疤痕，这道疤痕不仅禁锢了她的金钱，也禁锢了她与先生的亲密关系。

所以，"疤痕"在保护我们不再重复受伤害的同时，也限制了我们人生的突破和发展。如果这些"疤痕"不去疗愈的话，会堆积成一堵堵墙，将自己禁锢在那安全但却十分有限的空间里。

因此，从心理学的角度看，每个人的人生都可以活得更好，每对夫妻都可以生活得更加亲密、更加恩爱，前提是你愿意去疗愈那一道道"疤痕"，拆除那一堵堵为了安全而建起来的墙。

那如何去抚平内心那一道道"疤痕"呢？苏茜老师已经给出了方法。心理的疤痕与身体的疤痕一样，其功能都是为了保护我们不再受伤，是潜意识给我们留下的一些痕迹。

要想消除这些疤痕，唯有有意地去完成疤痕的功能。疤痕的功能就是潜意识的一种提醒，一种保护，如果我们能够从每一次的伤害中有所学习，并采取措施保证类似的伤害以后不再发生，疤痕就没有存在的必要了。就像苏茜老师那样，在发生伤害之后，告诉潜意识——自己已经知道了该如何保护自己，身体就不必再留下疤痕来提醒她。

身体如此，心理也一样。当我知道了那位女士不敢花钱的心理创伤后，我帮她在催眠状态下与母亲重新做了一次忏悔，释放了压抑已久的悲伤和愧疚情绪。然后，我让她从事件中抽离出来，从智者的角度去给自己提供解决方案。他们夫妻的生意能做到如今这么成功，证明她们本来就是十分聪明的人，所以，她一旦从情绪中抽离出来，很快就找到了解决方案：她和先生决定拿出一笔钱，成立一个家族救急基金，这笔钱供整个家族应急使用。做了这个决定之后，她整个人都放松了下来。当我再见到她先生时，他高兴地跟我说，他终于换了一辆宽敞的越野车，而他太太也开始支持他来上我的课了。

只要我们能从创伤中有所学习，并且找到避免下次再受伤害的方法，那道疤痕自然就会消失。你的人生就不会再受到这道疤的约束，也就是说，你不再会对某些事情过度敏感，或者你不再对伴侣砌起一道道保护自己的墙，这样，你对伴侣就会多了很多接纳，而你的胸怀也在不知不觉中大了起来。这就是创伤疗愈的简单原理。

当然，学习的意思并不是在头脑层面知道，而是需要在潜意识层面知道。大脑层面学习到的仅仅是知识，只有从身体层面体验到的才是能力。如果要真正让潜意识层面有所学习，首先需要释放当年的情绪，通过催眠或者时间线等心理疗愈技术进入潜意识，因为一切的改变都是在潜意识层面的。当然，心理治疗是个技术活，最好有专业人士协助。

疗愈的过程肯定会经历痛，所以，我那位同事选择不去疗愈怕狗的创伤，因为她接受怕狗的代价。你的创伤呢？如果不去疗愈的话，代价是什么？是人际关系？是财富的大门？还是事业发展的机会……只有你自己才知道。

你可以选择不去触碰你的创伤。这样的好处是，你会让自己待在一个安全的角落，但任何事情有好处就一定有代价。所以，当潜意识在保护我们的时候，它也限制了我们的生命活得更精彩、更绚烂的可能。

一次创伤并不意味着就被判了无期徒刑。如果你愿意终其一生躲在一个安全的角落里，终其一生选择一个人生活，也是可以的，因为，你的人生你做主。但如果你仍旧希望自己的世界能多姿多彩，希望自己的婚姻变得更加亲密幸福，你可以选择疗愈生命中的创伤。

有人说，往事不堪回首，因为那里有一道道的疤痕。其实，每个创伤底下都埋藏着无限的资源，只要你愿意去疗愈，就会像普希金说的那样："那过去了的，终将成为美好的回忆。"

截至目前，我们已搭好了一个改善婚姻、爱情关系的框架：

婚姻中之所以会出现问题，很多时候是因为我们错把需求当成了爱，解决方案有三个：

1. 觉察。
2. 接纳。
3. 疗愈。

从下一章开始,我会分亲密、激情、承诺三个部分给大家分享一些具体可行的方法。如果这些方法都用过了,还是无法解决婚姻中的问题,那还有另外一条路——离婚。

真正的爱到底是什么？

世间无完美婚姻，但这并不妨碍我们追求完美。怎么追求呢？这就关系到我们探讨婚姻关系的核心主题——如何营造亲密的关系了。

什么是亲密？顾名思义，就是两个人的关系亲近、密切。亲密是一种情感的连接，是心与心之间的交流，是彼此愿意把自己的生活以坦诚、不设防的形式与对方共享。用一句话来表达，亲密就是你在另一个人面前没有恐惧。

两个人在一起，感受是最重要的，特别是女性朋友。感性是女人的标志，她们偶尔的软弱哭泣是可以理解、可以被接纳的，但是男人就绝对不行。因为，在中国的传统文化里，男人就应该沉稳如泰山，最好没有情绪没有感受，他们的整个成长过程，是一直被教育着要压抑、要隔绝自我感受的过程。所以，大多数男人是不重视、不在意自己感受的，反而习惯于压抑自己的感受。

在婚姻中，有一个艰巨任务就是，如何帮助那些压抑感受的人，特别是男人找回那些失去的感受，诚实地表达自己，与真正的自己握手言和。当人们不再压抑、隔绝自己的感受时，婚姻中的亲密感才有可能回来，爱的能量也能自如地流动了。

爱是人类进化中的一种基因设置

　　本书开篇探讨了一个问题，两个因"爱"结合的人为什么最后却总会痛苦地分开呢？结论是，大多数人都把需求当成了爱。一段因为需求而建立的婚姻，两个人只会相互索取。当索取得不到满足时，小则抱怨，大则怨恨，这样的关系又怎能亲密呢？

　　只有建立在爱的基础上的关系，才有可能亲密。那什么是爱呢？

　　关于这个问题，我咨询了很多权威学者、专家或者婚姻幸福的人，也查了很多资料，依然无法准确地为"爱"下一个定义。连鲁迅都说："爱情是我所不知道的！"

　　但可以肯定的是，爱是一种感受。

　　我们先回顾一下两个场景，和大家一起感受一下什么是爱。第一个场景是青春期情窦初开的时候。那天阳光正好，微风不燥，那个穿着白衬衫温润如玉的少年一下就走进了你的心里，从此你的视线再也懒得在别人身上停留片刻，他的一个微笑就能让你心中小鹿乱撞，一个皱眉就足以让你彻夜难眠。于是，为了讨他欢喜，最爱睡懒觉的你破天荒早起两个小时，只为给他做顿爱心早餐；手头不宽裕的你甚至每天省吃俭用，只为给他一份生日惊喜。那个时候的你什么感觉？心跳加速。有理性、有承诺吗？没有。只想为他付出，恨不得把整个生命都交给他，没有任何的索取和要求。这，绝对是真爱。

　　另一个场景是，女性初为人母的时候。前一秒才经历了撕心裂肺般的分娩之痛，在听到宝宝清脆而响亮的哇哇哭声之后，所有的痛都被抛诸脑后，一种前所未有的幸福感、满足感油然而生："我当妈妈了，真的当妈妈了！"尽管刚出生的宝宝皱巴巴的丑得像只瘦猴子，一点都不好看，但在妈妈们眼中，自己的宝宝全天下最可爱；尽管生娃后的日常就像进入了流水工作线一样苦一样累——喂奶、换尿片、换衣服、帮宝宝打嗝、洗澡，不分白天黑夜，晚上甚至都不能好好地睡个完整觉，但也依然任劳任怨地爱他，愿意无条件地为他付出所有。这，也是真爱无疑。

讲到这里，大家知道什么是爱了吗？我理解的爱是不计成本、不计代价地无条件付出，是自然而然地想为对方做点什么，让对方感觉更好。它的本质是给予，而不是索取。试问，在初恋期，你会抱怨你的男朋友（女朋友）迟到吗？基本上不会。如果你真爱那个人，等一个小时你都觉得很正常。初为人母的你会不会抱怨宝宝"你为什么这么多屎尿？脏死了！"不会，因为母子之间真爱无声，你愿意为他做任何事情，甚至放弃生命。

但大多数人在婚姻关系里总是习惯了索取，忘却了当初的给予。

大家不妨思考一下——当你不断抱怨你的伴侣不再爱你的时候，请问，你爱他吗？你也不爱了。一旦抱怨开始了，爱就不在了。因为抱怨其实是一种变相的索取，是缺爱的表现，其背后的潜台词就是："你看，你都不爱我，对我也不好。"换句话说就是："你要对我好一点，再好一点。"这样，抱怨的一方其实一直是索取的一方，时日一久，被抱怨的一方总有一天会因为不堪重负而选择逃离。而你又不断通过抱怨来变相索取对方更多的爱。

在一段相互索取的关系中，哪里还有爱的存在？

诚然，初恋时爱的感觉是真的，可是结婚后，爱为什么会消失呢？

从生理的角度看，你就会恍然大悟。生物学家研究发现，当一个人堕入爱河时，与一个母亲生完孩子一样，身体会分泌同样的荷尔蒙：多巴胺和催产素，当然，也许还有更多莫名其妙的荷尔蒙分泌。总之，在这些荷尔蒙的作用下，我们会无条件地爱上一个人，会无条件地接纳他、对他好，只想着为他付出。

这跟我们喜欢吃什么是一样的道理。大家有没有想过，我们为什么会特别钟情于某种食物？我们喜欢吃什么真的是由自己做主的吗？不是。日本神户和牛的雪花牛肉天下闻名，无论是炒菜还是煎牛排，高脂肪的雪花牛肉吃起来都特别香，让很多人回味无穷。那为什么世界上有那么多人喜欢吃这种脂肪含量高的食物呢？这其实是基因决定的。

远古时代，人类生活在原始丛林，不可能顿顿饱餐，有时候吃一顿饱的之后可能就要饿上一天甚至是几天。为了确保生存，能给身体提供更多能量的高脂肪食物就成了我们的首选。身体的能量充足了，满足感、幸福感随之而至，所以，我们会自然而然地去获取更多高脂肪的食物。这就是我们会喜欢某种食物的更深层次的原因。

所以，爱是人类进化的结果，是基因里内置的一个程序。在这个程序的作用下，人会在某个阶段对另一个人产生爱的感觉，在这种感觉的驱使下，人才会十分快乐地与异性生育孩子，抚养孩子，以使人类这种物种繁衍生息。怪不得不管好人还是坏人，有文化还是没文化，道德高尚还是道德卑劣的人都会去爱，原来爱是人类的本能。

为什么不能持续而热烈地爱一个人？

看到这里，你是不是挺沮丧的？在你的心目中，爱是一种高大上的情感，怎么被团长说成这样了？

先别急，容我慢慢道来，爱有它高大上的部分。

内置在基因里的程序让我们感受到的爱是美好的，遗憾的是，荷尔蒙总有消退的时候，那段美好的时间总是那么短暂。

当荷尔蒙消退，婚姻还得继续，这个时候，我们要怎样做才能够让爱得以保鲜或者延续呢？我想，这才是我们婚姻生活需要弄清楚的关键。

从生物学的角度来看，我们至少可以确定，爱的本质是付出，而不是索取。

那如何在没有基因程序控制的情况下产生爱的感觉呢？也就是说，一个人在除了初恋和生育孩子这两个时期之外，如何才能主动地、无条件地付出，并且能心生美好的感觉呢？

我想每个人的人生中都会有很多这样的时刻：

一个喜欢花的人，在为花草施肥浇水的时候，是充满爱的；

一个爱动物的人，在照料宠物的时候，是充满爱的；

一个乐于助人的人，在帮助别人的时候，是充满爱的。

这些充满爱的时刻都有一个共同的特点：在那一刻，你愿意无条件地付出，同时，你心中感觉十分美好。

那一个人在什么情况下才会愿意无条件付出呢？我们先反过来看看，人在什么情况下不愿意付出，只会索取？

假设有这么一个场景，由于一次意外的事故，你乘坐的船沉没了，你和一群人被困在了某个荒岛，你们饿了三天三夜。这时候，救援人员空投了少量食物给你们，幸运的你抢到了一个馒头，周围几十个人眼睛都不眨地盯着你，这个时候，你会把手中的馒头分享给他人吗？不会，如果你是一个正常的普通人，你绝大多数可能会第一时间把馒头塞到嘴里。为什么？因为你肚子里空空如也，急需补充点食物。所以，饥饿的你把所有的注意力都放在了索取上。一个专注于索取的人，又怎么懂得付出呢？

在什么情况下你会愿意无条件地付出？比如说，你今天中午吃了顿豪华大餐，超满足。离开的时候，你打包了一盒特好吃的馒头，回到公司，你会怎么做？毫无疑问，这个时候你会十分乐意地、无条件地把馒头分享给你的同事。为什么？因为那一刻的你是富足的。所以，除了基因为了促成交配和养育后代这两种情况之外，还有一种情况你也是会充满爱的，就是当你内心富足的时候。

当然，生物学家研究发现，那些乐于助人、总是无条件为他人付出的人，他们身上的多巴胺和催产素水平相对也是高的。我真不知道是因为他们富足了之后才分泌了更多的多巴胺，促使他们乐于助人；还是他们乐于助人才促使他们的身体产生了更多的多巴胺？我唯一能够确定的是，只有内心富足的人，才有能力去爱，而那些内心匮乏的人，只会去索取。

读到这里，我想有部分读者心里会产生这样的疑问：

可是，为什么社会上那么多有钱人却不愿意付出呢？

而有些一穷二白的人却一生都充满爱，比如德兰修女。你不是说爱的前提是富足吗？德兰修女跟我一样贫穷啊！

如果你有这样的疑问，一定是被我前面举的那个馒头的例子误导了，那只是个比喻。一个肚子饥饿的人只会索取，精神饥饿的人也一样。所以，我所说的内心富足并不是指肚子，而是指心灵。

你看到德兰跟你一样贫穷，其实，你看到的仅仅是她的物质生活。她之所以会一生充满爱，像菩萨一样普度众生，她的心灵一定跟你不一样。

那怎样才算得上心灵富足呢？一个人的心灵为什么会饥饿，会匮乏？难道我们的心灵也需要吃东西？

区分一个人内心是否富足，其中一个方法是看他是否有安全感。

一个人内心是否富足，跟他外在拥有多少财富并没有直接的关系。大家还记得那位老公一花钱就生气的太太吗？她已经拥有几辈子都花不完的钱了，可还是不敢花钱。这个社会上大多数有钱人都跟她一样，外在虽然富有了，但内心依然贫穷。

德兰修女刚好相反，她外在并没有多少财富，但她内心富足。我的偶像南怀瑾先生也一样，用他学生的话来说，南老"身无分文，但富可敌国"，这里所说的"富"，是他内心的富足。

那为什么有的人内心富足，有的人却内心匮乏呢？

网上有一个很有意思的段子：

"你走过大桥吗？"

"走过。"

"桥上有栏杆吗？"

"有。"

"你过桥的时候扶栏杆吗？"

"不扶。"

"那么，栏杆对你来说就没用了？"

"当然有用了,没有栏杆护着,掉下去怎么办?"

"可是你并没有扶栏杆啊?"

"哎,是啊,有栏杆,可我并不扶;可是没有,我会害怕,这是怎么回事啊?"

这就是信念,你之所以会害怕,是因为你内在的一种想法。

六祖说:"何期自性,本自具足。"从佛家的观点来看,一个人本来是富足的,只是在成长的过程中受到了创伤性经历的影响,内心产生了一些让你恐惧的想法,这些想法让你慢慢迷失了本性。这些让你迷失本性的想法,佛家称为"熏染",心理学称为"限制性信念",也称为"病毒性信念"。

以那位不敢花钱的太太为例,她经历过因没钱救治导致母亲生病去世的创伤性经历,她的心里留下了一道伤痕,这道伤疤的核心其实就是一个想法,她认为以后还会有类似的事情发生,需要准备很多钱才能避免这类惨痛经历的发生。由于这些病毒性信念是非理性的,所以,她拥有多少钱都会觉得不够。

一个人一旦拥有了这样的病毒性信念,就像内心有一个无底深洞一样,再多的财富也填不满,这就是为什么很多富可敌国的人内心依然贫穷的原因。

心理匮乏除了跟创伤性的事件有关外,也跟我们小时候的成长经历有关。

从物理的角度来说,一个人不可能给予别人自己都没有的东西。这个原理心理学也适用,你永远无法给予别人自己没有的东西。只有你内心拥有,你才能给予他人。比如说:

一个从来没被别人肯定过的人,是不会肯定别人的;

一个从来都没有被关心过的人,是很难关心他人的;

一个从来没有被爱过的人,是不懂得如何去爱别人的……

因此,那些曾经被粗暴对待过的人,也会粗暴地对待这个世界;而那些曾经被温柔对待的人，也会用同样的温柔回馈这个世界。

研究萨提亚理论的著名专家林文采博士提出过一个概念叫做"心理营养"。她认为，我们吃饭是为了保证身体的营养，这是生物性的。但是除了身体之外，我们的精神也需要营养，所以，我们需要被肯定、被赞美、被欣赏、被鼓励、被接纳……如果从小到大，你很少得到来自父母或者重要他人的肯定、赞美、欣赏、鼓励和接纳，也就是说，你缺乏心理营养，那么你就是一个心灵"饥饿"的人，这样的你是很难给予别人的。

当然，一个人在小的时候缺乏心理营养也是一种创伤，难道不是吗？

不管是小时候缺乏心理营养所导致的内心匮乏，还是长大后的创伤性经历造成的心理贫穷，结果都是一样的——在婚姻中，这样的人都是一个索取者。一个内心匮乏的人，在婚姻中会习惯于把自己的幸福建立在向伴侣索取上，当伴侣无法满足他的要求时，就会不断抱怨，甚至指责："我付出那么多，你为什么不爱我？""你到底爱不爱我？"

一个总是向外索取的人，又怎能奢求婚姻生活一直恩爱幸福？

所以，当你抱怨的时候，正是你索取的时候。你抱怨得越多，证明你的心灵越"饥饿"；你要得越多，你的快乐往往就越少。

收获幸福前，请先承认自己的匮乏

读到这里，如果你发现自己就是一个内心贫穷的人，怎么办？

不用担心，只要生命还在，就一定有希望！

幸福之道，从来都是坑多路少。在这个世界上，只有极少数的幸运儿才可能出生于一个近乎完美的家庭，而且一生都无波无浪。对大多数人来说，他们的内心都曾经匮乏过，团长也不例外，只要你愿意，不管今天的你有多么的匮乏，总有一天你会重新回到富足的状态。从匮乏到富足的这个过程，我把它称为"修行"。

修行的第一步，首先要承认自己的匮乏。承认是成长的开始。

为什么要先承认呢？团长跟大家分享一个小故事：一个腼腆内向的乡亲到城里走亲戚，到达亲戚家的时候已经过了午餐时间，亲戚问他："吃饭了没？"他明明没吃过，却又不好意思麻烦别人，于是回答说："吃了吃了。"亲戚信了，就没安排午餐，只是跟他喝茶聊天。聊到下午四五点钟的时候，乡亲实在饿得受不了，又不好意思承认自己还没吃午饭，只好告辞回家。

回到家又过了晚餐时间。家里人问他："今天到城里的阔亲戚家去应该吃饱喝足了才回来的吧？"他又不好意思承认自己中饭都没吃，于是只好含糊地说："嗯，吃了吃了。"

就这样，他硬是饿着肚子挨过了午餐晚餐。其实，只要他承认自己饿了，就可以随时填饱肚子，不致挨饿的，对吧？

同样地，对心灵饥饿者来说，承认自己是"饥饿"的、是匮乏的、是不完美的，这就已经是成长的开始了。因为你一旦承认，你自然会主动去找方法疗愈自己。当你开始找方法疗愈自己的时候，你就已经走在自爱的路上了。

所有的真爱都来源于自爱。所以，你想学会爱他人，必须先学会好好爱自己，让自己的内心充满爱和喜悦，这样，你才有余爱去爱别人，才能真正给对方带来喜悦和幸福。而爱自己，又必须从承认以前不够爱自己开始。

如果你明明内心匮乏，却又没有勇气承认，那么你这辈子都没办法去滋养自己的灵魂。如果这样的你正处于一段不幸福的婚姻里，即使你换一个伴侣，婚姻也不会多幸福，因为你一直在重复上一段婚姻的问题模式。

要承认自己的不足和匮乏，这确实有点难，但是绝对值得。只要你走出这一步，恭喜你，你接下来的爱情和婚姻就会越来越美好了。

承认之后怎么办？请继续阅读后面的章节。

我们回顾一下这一节的内容。

人生有一些阶段因为基因内置的程序作用，会分泌出多巴胺、催产素等荷尔蒙，会让你充满爱，但这种是在基因作用下产生的爱，是人类的本能。这种爱很难持久。

要想获得持久的爱，必须先疗愈自己内心的匮乏，让自己的心灵变得富足，你才有能力去爱。内心富足之后的爱，才是婚姻长久幸福的关键。

从内心匮乏到富足是需要修行的，也就是说，如果你的婚姻中已经找不到爱了，不用害怕，因为经过修行之后你会重新找到爱。

Chapter

2

亲密：
两座"冰山"的敞开与连接

每个人的内在都隐藏着一个"真我",
层层外衣保护着最中心的真实。
只有撕掉标签、脱掉角色外衣,"真我"才得以呈现。

冰山原理：冰山下的自己和海面上的他人

上一节我们谈了什么是爱，爱为什么会消失以及如何重新找回爱。找回爱的第一步是先要承认自己的匮乏，因为承认是成长的开始。从这一节起，我们继续分享更多找回爱的具体方法。

这一节我们来学习一个方法叫做：把抱怨变请求。

抱怨，是婚姻中最厉害的"毒药"

在我的《重塑亲密关系》课程中所呈现的个案，一开始几乎都是相互抱怨、相互指责的，但经过一轮咨询后，大多数情侣都能重新深情地拥抱，那消失已久的爱重新回到了他们身上。这中间究竟发生了什么呢？我们来看看其中一个个案。

韩欣的心情就像她名字的谐音一样："寒心"，她本来是想要离婚的，听了朋友的介绍，抱着最后一试的心态逼着老公来到了我的课堂。她来上课的动机很单纯，就是想做个案，因为她知道，如果私下约我做个案的话，所花的钱要更多。

一上台，韩欣就非常愤怒，拿着话筒直截了当地告诉我："我和他过不下去了，要是找团长做了个案还不行，就离婚！"

每当当事人这样说的时候，我都会先安抚他们，因为我知道，婚姻中有多大的期待，才有多大的失望，只要还愿意来到课堂，就还有希望。

我请她先对这段婚姻陈述一下自己的感受。她说:"我们结婚十年了,我忍了十年,忍了一个没用的男人十年,忍了一个只会败光家里钱的男人十年……"一开口,她的泪水就流了下来。

她接着说:"十年了,他总是做各种各样的投资,一会儿是数字货币,一会儿是微商,从来就没赚过钱。这哪是投资啊,这明明就是投机。不愿意踏踏实实地做生意,总想着一夜暴富,哪有这么好的事情轮到他?也不看看自己的智商!……公司好不容易赚的那点钱就这样一次次地被他败光,再这样下去,我真的看不到希望了。孩子的学费怎么办?老人的医药费怎么办?我都不敢想以后的晚年生活,我到底还能怎么办……"

台下很多学员听了都不禁议论:"哇!数字货币那么考验智商的游戏怎么还有人参与呢?""这样太过分了,都十年了还不收手!""是啊,老婆跟着这样的男人太吃亏了。"

我请太太先把话筒交给她的先生志北,听听先生怎么说。

志北接过话筒承认道:"她说的都是事实,我没什么好辩解的……"

听到先生这么说,太太马上把头扭向一边。我从来不直接相信当事人说了什么,因为有的时候他们以为的并非实际发生的。

我问志北一个很关键的问题:"既然你知道妻子对此不满,我想这十年你们也没少为这事争吵,为什么不收手呢?"

他脱口而出:"我就是咽不下这口气!"说罢,一个大男人唰唰流下了眼泪。

"咽不下这口气",是他宁愿赌上婚姻的未来,哪怕十年被老婆看不起,也要"放手一搏"的关键之所在。

"我想证明给她看,我是能赚钱的,我们现在的工厂是她爸爸留下来的,本来我在他们家族中的地位就低,如果我不把过去亏掉的钱赚回来的话,在她面前,我这辈子也抬不起头来。我实在受不了她说话的态度。"

太太拿起话筒想反驳先生。我示意她先听完丈夫的表达,继续问道:"她的态度怎么了?"

"她会说'你看看你像个什么样的男人''老娘受够你了,不想再受了',最过分的一次,我在开车,她坐副驾驶座,突然就扑过来对我又打又骂。我赶紧把车停在路边,任她打,任她骂。她还不够,直接起身下车,摔上车门,头也不回地走了……

"每次回家,我都能看到她嫌弃的眼神,我也是男人,也要面子的啊……"

"知道我嫌弃你还不收手,还不做点正事!"妻子实在忍不住了,拿起话筒回怼道。

听到这里,我终于明白了他们婚姻的"魔咒"在哪里了,不是投机,不是贪念,也不是老公"没用",恰恰是老婆错把抱怨当作了要求。而抱怨,恰恰是婚姻中最厉害的毒药!

每个人都是一座"冰山",并非表面那么简单

既然抱怨会伤害婚姻,那怎么办呢?生活中总免不了有不如意的地方,像前面这个案例,面对丈夫这样一个让家庭陷入经济危机的行为,如果不抱怨的话,如何才能改变呢?要找到解决方案,先要学习一个心理学的原理——冰山原理。冰山原理我在《圈层突破》一书中已做过详细的描述,因为亲密关系牵涉两个人的内在冰山,所以请容许我重复一下这个理论。如果有读者看过那本书并对冰山原理已经熟悉掌握,可跳过下面这一段。

如前文所述,"冰山原理"是美国心理学家萨提亚女士提出的一个概念,她将人的内在比喻成一座漂浮在水中的巨大冰山,人们能够被外界看到的行为表现只是露在水面上很小的一部分。在水面之下是冰山更大的部分,也就是说,"是什么导致一个人的行为""一个人为什么会做或者不做什么""情绪是怎么产生的"等,这些是一般人用肉眼无法看见的。揭开冰山的秘密,我们会对人性有更多的了解。

当我们和别人打交道的时候，一般人往往只能看到别人的行为、听到别人的话语，有些敏感的人或许还能感受到别人的情绪。但有些人却能对另一个人的内心世界了如指掌，甚至比你自己还要了解你自己。

在十多年前我刚走进萨提亚课程的时候，我对萨提亚系统的导师佩服得五体投地，感觉他们太神奇了，好像就是我肚子里的蛔虫一样，我的内心世界在他们面前简直就是透明的一样。

当我学会"冰山原理"之后才知道，原来萨提亚女士和贝曼先生把人的内在世界用一座冰山的比喻解释得清清楚楚、明明白白。只要你能学会并掌握好这个理论，你也能轻松地了解自己以及他人的内心世界。当你能做到这一点，在夫妻生活中，就能轻松愉快地跟你的伴侣和谐相处了。因此，我认为，"冰山原理"是夫妻相处之道的秘密武器。

萨提亚将个人的内在冰山共分成七个层次，它们分别是：行为、应对姿态、感受（情绪）、观点、需求、渴望、我是（见下图）。

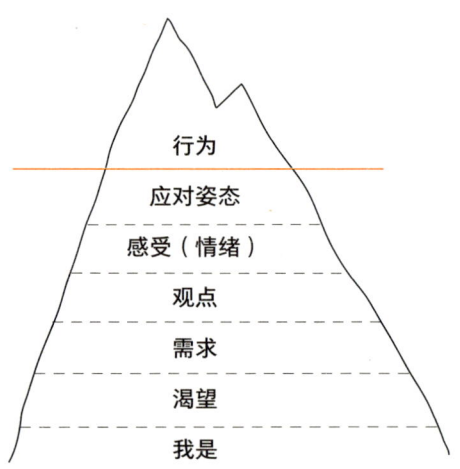

1.冰山表层：行为

行为就是一个人做或者不做什么，是人的五个感观可以感受到的部分，除了人的动作之外，也包括说话、身体散发出来的味道等。因此，行为位于冰山的顶端，是露出水面的部分。

我曾看到过这样一个故事：

有一次，美国知名主持人林克莱特访问一名小男孩，问他："你长大后想要当什么呀？"

小男孩天真地回答："嗯……我要当飞机的驾驶员！"

林克莱特接着问："如果有一天，你的飞机飞到太平洋上空，所有引擎突然都熄火了，你会怎么办？"

小男孩想了想："我会先告诉坐在飞机上的人系好安全带，然后我穿上降落伞跳出去。"

当在场的观众笑得东倒西歪时，林克莱特继续注视着这孩子，想看他是不是个自作聪明的家伙。

没想到，他看到的是，孩子的两行热泪夺眶而出。林克莱特这才发觉这孩子的悲悯之情远非笔墨所能形容。

于是，林克莱特问他说："为什么要这么做？"小男孩的答案透露出一个孩子真挚的想法："我要去拿燃料，我还要回来！！"

林克莱特如果在没有问完之前就按自己设想的那样来判断，那么，他可能就认为这个孩子是个自以为是、没有责任感的家伙。但孩子的眼泪使他继续问了下去，也让人们看到了这是一个勇敢、有责任心、有悲悯之情的小男孩。

行为仅仅是表层信息，如果仅凭一个人的行为去断定一个人，往往会造成很多误会，因此，我们要深入下一个层次。

2.应对姿态

萨提亚说，问题不是问题，如何应对问题才是问题。

面对外面环境的变化，不同的人有不同的应对方式，这些不同的应对方式，萨提亚称为"应对姿态"。应对姿态也可以理解为一个人的性格。

常见的应对姿态有如下四种：

（1）指责：表现为强势，总把做错事的责任推给别人，爱挑别人毛病，脾气暴躁，情绪外露等。

（2）讨好：与"指责"刚好相反，为了讨好别人，总是习惯性地压抑自己，把错误的责任揽到自己身上，害怕冲突，希望每个人都对自己满意，也常常会牺牲自己。

（3）超理智：像电脑一样客观，爱引经据典、罗列数据来证明自己是对的。在人际关系上表现为理性，甚至冷漠，与人相处有距离感。没什么感情，对别人的情感也不敏感。

（4）打岔：他们不按常理出牌，不愿意被规则约束，总是打破常规，表现为幽默风趣，创意无限。另一方面就是，他们不爱负责任，遇到难题比较容易放弃，另找出路。表面上看，他们很快乐，其实，他们只是用快乐的方式逃避悲伤而已。

关于应对姿态以及下面各个层面的冰山内容，在后面的章节中还会展开来详细讲述，在这一章仅仅是让大家对冰山有一个初步的认识。

3.感受（情绪）

感受就是"七情六欲"中的"七情"，包括喜、怒、忧、思、悲、恐、惊，就是一个人的内在情绪反应。当然，不同的学派对于七情的表述会有差别。

在心理学领域，感受的分类会更加细致，除了上面所说的七情之外，还有委屈、抱怨、嫉妒、羡慕、轻视、怜悯、冷漠、困惑、崩溃、洒脱、孤独、焦虑、内疚、安全感、配得感以及爱等。

一个人的感受会透过应对姿态表现为行为，那一个人的感受是怎么来的呢？

不同的人面对不同事件为什么会有不同的情绪和行为反应呢？美国心理学家艾利斯经过研究发现，并非事件本身引起人的情绪反应，而是人对这个事件的不同看法导致了不同的反应。他把这个发现命名为"ABC法则"。

A.诱发事件（Activating event）

B.信念（Belief）

C.情绪及行为后果（Consequence）

有这么一个小故事：

据说希腊著名哲学家苏格拉底的老婆是个泼辣的女人。有一天，苏格拉底刚一进家门,他的老婆就莫名其妙地对他唠叨不休,接着就是破口大骂,言语不堪入耳。苏格拉底早已习惯这一切了,于是淡定地坐在一边抽起烟来。他老婆看到他对自己不理不睬的,更是火冒三丈,气不打一处来,端起一盆子水就是当头一泼,苏格拉底顿时被淋成了狼狈的落汤鸡,全身湿淋淋的。

如果你是苏格拉底,你会有什么样的反应呢?我想大多数人都会暴跳如雷,甚至拳脚相加。可是,为什么苏格拉底的反应跟大多数人不一样呢?我们来看看他是怎么想的。

旁边的邻居见了纳闷地问:"刚才你老婆骂你,为何不还口啊?"苏格拉底不紧不慢地说:"我知道,一阵雷电之后就会有一场倾盆大雨的。"

有人问苏格拉底为什么要娶这么个夫人时,他回答说:"擅长马术的人总要挑烈马骑,骑惯了烈马,驾驭其他的马就不在话下。如果我接受得了这样的女人,那对我来说,天下恐怕就再也没有难以相处的人了。"

这个故事中,妻子的大骂和泼水就是"A",即外在的触发事件。苏格拉底平静的反应就是"C",他的情绪和行为后果。之所以会有这样的行为后果,是因为他有着跟一般人不一样的"B":"我知道,一阵雷电之后就会有一场倾盆大雨的。""擅长马术的人总要挑烈马骑,骑惯了烈马,驾驭其他的马就不在话下。如果我接受得了这样的女人,那对我来说,天下恐怕就再也没有难以相处的人了。"

所以,决定一个人感受的是"B",也就是一个人内在的信念,萨提亚称其为"对点"。

4.观点

观点也被称为信念、思想、价值观。

一个人的观点形成通常与他的成长背景有关,不同的人会有不同的信念和价值观,也就是说,不同的人有着不同的观点。

人们往往会把自己的观点等同于事实,因此,当伴侣的观点跟自己不一致时,会习惯性地把对方定义为"错"的一方,因为每个人都想证明自己是对的。当你把对方摆在错的位置时,就一定会引发冲突,这是夫妻关系中最常见的矛盾缘由。

那我们该如何与一个跟自己观点不一样的人和谐相处呢？我在后面会详尽地提供解决方案。

5. 需求

需求和期待就是"七情六欲"中的"六欲"，也就是一个人的欲望。

需求又分为"需要"和"想要"。

"需要"是人类共性的需求，是基于生存的需要，比如，饿了需要吃，困了需要睡觉。心理学家马斯洛把人的需要分为生理、安全、社交和归属、尊重和自我实现五个层次。

"想要"是个性化的需求，通常受成长经历或者文化的影响。

比如，如果你口渴了，水就是你的"需要"，但如果你在口渴时想喝可乐，那可乐就是你的"想要"。

在本书开头我讲述的那七个爱情故事中，每一对夫妻都是因为在遇到自己想要的那个类型的异性时产生了一种兴奋感而结婚的。其实，那不是爱，那仅仅是满足了潜意识的"想要"而已。

一个人为什么会有那么多的需求呢，特别是那些具有个性化的"想要"？我们还要继续往冰山的下一层去寻找答案。而关于"如何满足自己和伴侣的需求"这个问题，我会在后面关于"需求"的那一节中详细介绍。

6. 渴望

渴望是精神层次的需求。

人类除了赖以生存的基本物质——食物、水等，还需要一些更重要的东西。比如，无论你是什么种族、文化层次如何、信仰何种宗教、性别或肤色如何，内心都渴望被爱、被尊重、被接纳、被欣赏、被肯定、被理解等。林文采博士把这些称为"心理营养"。

通常来说，万物生长皆需要阳光和雨露。一个人的身体要想健康成长，需要蛋白质、淀粉、糖、脂肪、微量元素等物质营养。身体如此，我们的精神亦如此，也需要营养才能成熟。这些精神需要的营养就是"渴望"。

而渴望与需求息息相关，当渴望得不到满足时，需求就会多；当渴望得到了充分的满足时，需求就少。

一个人肚子饿时，会到处觅食。一个人的精神没有得到满足时，也一样会产生各种需求。所以，当一个人从小在缺爱的家庭环境中长大，他的渴望层面是匮乏的，那么结婚之后，他对伴侣就会有很多需求，比如需要伴侣买花、送礼物等。只有当这些需求得到满足之后，他才能真真切切地感受到伴侣的爱。

当一个人的安全感不够时，他就会需要伴侣时刻打电话告知行踪，否则就会抓狂。

当一个人在小时候被轻视、被遗弃，他长大后就需要证明自己，于是拼命赚钱或者获得权力……

有句话叫"知足常乐"，很多人都知道这个道理，但是极少有人做得到，为什么呢？就是因为在渴望层次严重匮乏。所以，只有满足内心深处的渴望，补足曾经缺失的心理营养，在婚姻生活中，两个人才有可能放下相互索取的手，重新找回爱。

至于如何才能满足曾经缺失的渴望，我们后面再说。

7. 我是

这是"冰山原理"不太容易讲明白的一层，却是人生中最重要的一层。佛家禅宗的开悟者就是在这一层搞明白了，达到了"明心见性"的境界。如果你在这一层悟透了，不仅夫妻关系幸福，人生的各个层面都会圆满。

在哲学上有三个终极问题，其中一个是"你是谁"。所谓"我是"就是对"你是谁"的回答。心理学通常把这个称为自我、小我，是一个人关于自己是谁的认知，是一种身份层面的定位。

在本书开头"那些笑着嫁给'爱情'的人，后来为什么哭了"这一节内容中，我已对什么是"自我认同"做了简单介绍，大家在感观上应该有了初步认知。婴儿刚出生的时候，并不知道自己是谁，是在成长的过程中，在与他人互动特别是与父母的互动中，他才渐渐认知到自己是谁。比如，自己叫什么名字、是一个什么样的人等等。随着慢慢长大，他开始有了各种各样的角色：孩子、学生、员工、父母、老师、职员、老板、领导等。当然，除了角色之外，还会有好坏优劣方面的评价，比如自己是个好人还是坏人？是聪明人还是笨蛋？好运的还是倒霉的……

这些自我认知就像一个人一生的剧本，一旦形成，人的一生基本上就是在演绎这个剧本而已。

因此，"我是"层面非常重要，不仅决定了婚姻的质量，它还决定着人一生中的方方面面，是整个冰山中最重要的部分。

消失的爱如何找回来？把抱怨变请求

在本节开始，我讲述了一对互相抱怨的夫妻的故事。可以说，在一段婚姻关系中，抱怨是最厉害的毒药，它会切断与爱人沟通的渠道，会让两个相爱的人越走越远，甚至形同陌路。

那如何才能化解这婚姻中的毒呢？通过上面"冰山原理"的理论，我想各位聪明的读者已经找到答案了。

在这个夫妻案例中，韩欣的期待和需求是：丈夫能够放下投机取巧的行为，专心经营企业，参与到家庭生活中来。因为她需要丈夫的陪伴，渴望得到丈夫的支持。当她的这份需求没能被满足，她就感到失望和愤怒（感受），于是将内在的委屈化为外在的指责与抱怨（行为）。

而她的丈夫志北呢？由于工厂是岳父留下来的，在太太家族中总感觉低人一等，这是典型的自卑表现，所以，他渴望有尊严地生活（渴望）。当他投机失败，再加上太太不断地抱怨和指责，他在家里彻底丧失了尊严，渴望层面更加匮乏。为了挽回面子，他需要在投机上取得成功，证明他是对的（需求）。他认为，只有投机成功，自己才能得到太太的尊重，他在这个家才能活得有面子（观点）。可是，事与愿违，由于自己能力不够，一而再再而三地失败，他十分沮丧（感受），又因为自己在经济上没有为家庭做贡献，只能选择隐忍（行为）。

这就是造成这对夫妻感情濒临破裂的原因。从双方的冰山中,读者很容易就能看到问题的所在——双方都没有表达自己的需求,或者说,采用抱怨的方式表达了需求,这就是错误地用"抱怨"来表达没满足的"需求"所造成的婚姻障碍。

生活中,这样的"魔咒"比比皆是。

比如下面这个场景,你是不是很熟悉:

夜深了,丈夫依然没有回家,妻子在家心急如焚,一来担心丈夫在外面有什么意外;二来自己独自一人在家,心中十分孤独。这时,她多么希望丈夫能够陪在自己身边啊!

可是,好不容易等到丈夫回来,她一没有表达自己的感受,二没有表达自己的需求,而是内在的那座小火山一下子爆发了,愤怒的指责像滚滚岩浆一样从口中喷涌而出:

"你怎么现在才回来?你心里还有没有我?"

"整天只知道陪客户,难道客户比我更重要吗?"

"你只知道工作,当初我真是瞎了眼,怎么会嫁给你这样的人?"

她这一把火,烧开了内心的潘多拉魔盒,委屈、怨恨、心酸、不甘、疲惫等负面情绪一波接着一波涌上心头。看到妻子发火,丈夫的火气也一下子冒上来:

"我在外面拼死拼活的,不就是为了让你过上好日子吗?"

"我在外面受苦受累,你在家里享福,你怎么还不满足呢?你到底想让我怎么样?"

直到演变成了激烈的争吵:

"谁稀罕你那两个铜板,当初不知道怎么眼瞎看上了你?!"

"简直不可理喻,要不是看在孩子的分上,我早就不想忍了!"

"那就离啊,谁怕谁?离开你我过得更好!"

于是,一段美好的关系就变味了,夫妻之间的沟通陷入了死循环。

要解开这个死循环,双方要看到抱怨这种沟通方式的无效性,停止用这种方式继续沟通。

所以,在做个案的过程中,我尝试着引导他们透过指责来发现自己内心的真正需求。

"韩欣，当你在指责你的丈夫没用、不像个男人的时候，你真正想要表达的是什么？"

"我想让他知道该收手了，用心经营好我们的工厂，我就很知足了。"

"你表达你需要他经营好工厂，一家人安安稳稳地生活，和你指责他没用，你觉得这两种表达之间有什么不同？"

"不这么说他怎么听得进去？都是对牛弹琴。"她还沉浸在自己的愤怒与无助当中。

"现在你来试一下，告诉你的先生，你希望他用心经营工厂，并告诉他当他把家里的钱偷拿去投机时，你的感受是什么，好吗？"

韩欣微侧过身，眼睛看了一下丈夫，说："老公，这么多年我挺愤怒的（感受），我说过的话哪怕你就听进去一点点，我都不会那么愤怒。我们辛苦打拼二十多年的钱都被你亏光了……"她哭泣着说完接下来的话，"你越想通过投机证明自己，我越看不起你（观点）。我嫁给你就是因为我爱你，爱你的才华，爱你的能力。虽然工厂是我爸爸创立的，但在你的经营下业绩已经翻了好几倍，你根本不用去证明自己。如果你能悬崖勒马，好好经营企业，为孩子做个好榜样，你在我的心目中依然是最重要的（需求）。"

在过去的二十年婚姻生活中，志北估计都没听过妻子这样心平气和地说话，在一旁通红了眼眶。我问他："听到妻子这样讲，你是什么感受？"

"我所做的这一切就是为了让这个家庭能过上好日子。"

我打断他："请先不要解释，告诉我你听到了什么？"

"她说她希望我经营好工厂，我心里舒服多了，我听得进去她的话了。可是我也有话说。"

我鼓励他学着韩欣一样表达自己的需求，"老婆，去年你摔车门就走（行为），你走了之后，我很担心（感受）。我知道你有情绪，但是我希望你有情绪时，在家里你怎么打我骂我都可以，别在外面失控，不是我爱面子，而是我很怕。我很担心你的安全，因为我爱你（动机）。"

我问韩欣："你看到你平时的表达方式，会让丈夫很受挫吗？"

她说："我不知道，他从来都没有跟我说过。"

"这个还要说吗？你应该知道啊。"她的丈夫说。

台下哈哈大笑，大家都突然明白，你不说对方还真不知道，即便是十几年的夫妻。后来的过程我就不叙述了。我看到他们双方脸上的表情开始放松，生硬的指责变成了柔和的请求，上课之前的退缩和冷漠变成如今的点头和回应。

妻子答应，以后直接表达自己的需求，当抱怨的话要脱口而出时，先让自己冷静十秒。

而丈夫也答应全心全意地经营工厂，如果以后还想投资，就开家庭会议，要妻子和两个女儿三人全票同意，才能动用家里的资金。

韩欣需要丈夫更多的陪伴，她希望过安稳踏实的日子。丈夫志北希望找回自己的尊严，在打拼的路上得到妻子的理解和支持。当双方都只抱怨时，既忽略了自己的需要，也忽略了对方的需要。当两人都没有得到自己想要的时，一方继续指责，另一方就会压抑或无视。

在这个个案中，我所做的仅仅是改变他们的表达方式，把抱怨转变成请求。当双方能够在满足对方渴望层面去表达自己的需求时，伴侣通常都会愿意去尽力满足对方。

通过上面的对话练习，韩欣体验到了两种不同的表达方式所带来的不同回应。当她是表达自己的需要而不是对丈夫横加指责的时候，丈夫没有将自己封闭起来或是向后退步，而是积极地回应妻子的需求。经此对话，双方也第一次知道，其实，对方对自己是那么地在意和珍视。

一段十多年的婚姻，因为一个小小的"魔咒"差点就走不下去。可是，只要看到对方背后那份深沉的爱和需求，夫妻双方都愿意再给彼此一个机会。给对方机会，其实也是给自己机会。

大多数婚姻出现问题的夫妻都抱着这样的想法——是对方的某些行为导致了婚姻中的问题，只要对方做出改变，他们的婚姻就不会有什么问题，这个婚姻才能继续下去，于是喋喋不休地抱怨。

但实际上，抱怨，是夫妻关系中最厉害的毒药。"怨"，就是不满，是内心的期待没有被满足。它除了耗尽感情的甜蜜，还有很多副作用。比如说，一个在充满抱怨的家庭中成长起来的孩子，会对父母的情绪变化特别敏感，特别会揣度父母的心思，努力做让父母开心的事，变得讨好而畏惧。

那我们该怎么办呢？

还是以丈夫晚回家为例，先看看太太的冰山：

太太一个人在家，她的感受是担心和孤独，她的需求是丈夫能早点回家。如果丈夫回来时，她能表达这两者，不仅可以避免争吵的发生，而且还会进一步拉近双方的亲密关系。

比如说，妻子可以这样说："亲爱的，你终于回来了！你知道吗？你没回来之前，我有多担心你，我猜你又去喝酒应酬客户了，我担心你会喝坏身体，又要担心你酒后开车安不安全。而且，我一个人在家也很孤独，你以后能早点回家吗？"

我想，绝大多数丈夫听到妻子这样说，都不会无动于衷吧？

抱怨，只会把对方推远！
而感受和需求，才会拉近两人的关系！

人与人之间之所以会爆发冲突，是因为自己的需求没有被对方看见或满足。所以，如果你在意一段亲密关系，吵架时可以试试问对方：你对我的需求是什么？同时问自己：我对他的需求是什么？

当然，我们是人，不是神，我们无法满足伴侣的所有需求。当某些需求得不到满足时，我们可以满足对方的渴望，因为，渴望是需求的根。只有当双方的渴望被满足后，才能获得满满的安全感和亲密感，才能真的做到，执子之手，与子幸福偕老。

愿天下有情人终成眷属，更愿成眷属后的有情人能恩爱一生！

如何才能满足自己以及伴侣的渴望？且听下回分解。

应对姿态：好的婚姻是能做到一致性表达

如何才能满足自己以及伴侣的渴望？这还需要从"冰山原理"中一层一层地深入了解。让我们先从应对姿态开始。

所谓"应对姿态"，是一个人面对压力时的习惯性反应，就是俗称的"性格"。

人人都说性格决定命运，那么什么样性格的人，其婚姻会更幸福呢？

我给大家分享几个真实的案例。

A君，性格暴躁，喜欢指责，动不动就骂人，一喝酒就发酒疯，发起酒疯来经常与人发生冲突，甚至打架，还打过老婆。酒驾是经常的事，驾照都重新考过好几回了。

B君，性格是大家公认的好脾气，在公众场合从来没有人见过他发脾气，总是一副笑呵呵的样子，对太太更是言听计从，照顾孩子的事情都是他在做，对周围的人也是照顾得无微不至。

C君，好学、上进、理智、自律、讲原则、有信用、言出必行，牙齿当金使，有耐心，对伴侣忠诚专一，所有的钱都交给太太。爱好典雅，不抽烟、不喝酒，独爱琴、棋、书和旅游。

D君，幽默大师，到哪里都是开心果，总是逗得大家捧腹大笑，创意无限。如果你有困难，他总是能帮你想出各种新奇的好点子。大家去哪里玩基本都是他率的头，跟着他玩基本不会让你失望。

如果你是未婚女性，你会选择哪一位？我想大多数人都会选择B君吧？先别急，在做出选择之前，请容我告诉你这四位仁兄的另一面。

B君是我一位案主的先生，这位案主跟我抱怨说，她的先生窝囊，没骨气，没事业心，胆小怕事，遇到一点冲突就退缩，简直就不是个男人，真不知道当初自己为什么嫁给了这样的男人。

A君是我一位学员的先生，事业有成，开豪车住豪宅，爽朗大方，为人仗义，朋友聚会吃饭基本上都是他埋单。谈起她先生，这位学员一脸掩饰不住的幸福，她说，别看他在外面总是凶巴巴的，除了发酒疯的时候，其余的时候他都很好，对她很体贴，对她的家人也很照顾。她在上我的课之前，一直受不了他的臭脾气，上完我的课后，她说她知道怎么对付他了。现在，她在努力帮他戒酒。她说，如果他不喝酒就完美了。

D君是我的一位案主，你做梦也不会想到他是一位抑郁症患者，一个看起来如此开心的人，居然会如此不快乐。

而C君呢？就是我，没学心理学以前，我自认为对太太很好，可是，我在太太眼中就是根木头，没有情感，没有温度，只有一大堆冰冷的道理。跟我这样的人生活在一起，无聊、无趣。

看到这里，你又会选谁呢？也许谁都不敢选了吧？

近二十年来，我做过无数个婚姻咨询个案。在做个案的过程中，在咨询开始之前，我经常会听到双方或者一方说："我与他性格不合，我要离婚！"

如果你也有同样的想法，请你先停一停。我想问你，真的有所谓性格合这回事吗？还记得本书开头那七个故事吗？你们当初擦出火花来，不正是因为他的性格吗？今天怎么就不合了呢？

既然根本就没有性格合这回事，那面对性格不同的人，准确来说，面对你曾经喜欢的性格的另一面，你该怎么跟自己的伴侣相处呢？

要回答这个问题，我们先来研究一下什么是性格。

性格究竟是什么？性格就是一个人的习惯性反应模式。性格的分类有很多，不同的流派会有不同的分类。萨提亚把它称为"应对姿态"。

应对姿态也可以解读为一个人的沟通模式。沟通一般会涉及三个重要的要素——我、你、情境。

我：就是自己的感受、利益、观点等。

你：就是对方的感受、利益、观点等。

情境：当时的环境、大众的利益、文化、伦理、道德标准等。

一次好的沟通是能够同时照顾到上述三个方面的，简单说，就是合情合理。但是，有些人遇到分歧或压力时，往往会忽略掉其中一个或几个要素，从而导致不良的沟通模式。

生活中常见的不良沟通模式有四种，即指责、讨好、超理智和打岔。

指责：以自我为中心，更关注"我"的感受

第一种不良沟通模式叫"指责"。这样的人往往只关注到"我"和"情境"两个要素，却忽略了"你"。他们的身体语言是，身体前倾，一手叉腰，另一只手用力地指出去，眉头紧锁，肌肉僵硬，全身都散发着愤怒与不满的情绪，一看就性格强势、霸道、暴躁、控制欲强、自我。如下图：

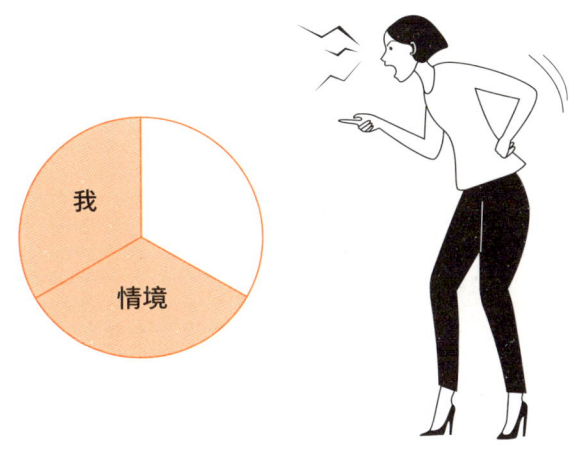

指责型沟通模式的身体语言

习惯于用指责这种模式沟通的人，常常会忽略他人的感受，只顾着发泄自己的情绪，而且总喜欢把责任推卸给对方，认为所有的错都是对方的错。他们就像刺猬一样，一旦受到点刺激，就立马竖起坚硬的刺进行攻击。

没有谁喜欢被指责、被攻击，所以，他们的人际关系通常不怎么好。

但是，你会惊奇地发现，不少事业有成的人往往属于这种类型。为什么呢？因为他们关注"我"的感受，人生目标清晰明确，而且内在动力和能量都非常强，所以事业会比较成功。

指责容易诱发愤怒的情绪，而怒则伤肝，引起血冲脑，所以，指责型沟通模式的人容易得肝病和心脑血管方面的疾病。

讨好：跟谁都关系好，就是跟自己关系不好

讨好型沟通模式跟指责型沟通模式正好相反。与人沟通时，他们往往只关注到"你"和"情境"两个要素，而"我"却低到了尘埃里，渺小又自卑。他们的身体语言是，单膝跪地，一手捂胸压抑着情绪，另一只手伸出去讨好别人，对谁都照顾有加，笑脸相迎。

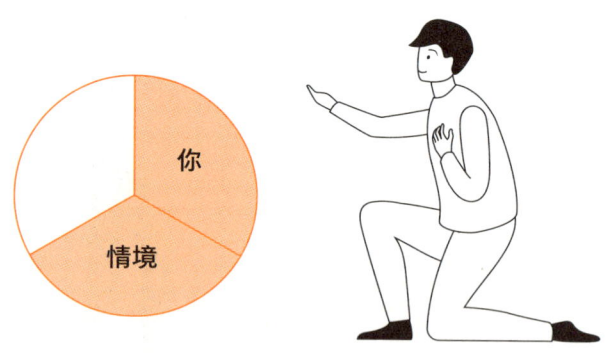

讨好型沟通模式的身体语言

讨好型沟通模式的人跟谁的关系都好，就是跟自己的关系不太好。

他们常常把最好的一面留给别人，却把最糟糕的一面留给自己以及自己最亲的人。你跟他的关系越是疏远保持距离，他对你就越亲越好；相反，你越是被他看作自己人，关系就会越紧张。

所以，一旦你跟这种人成为亲密关系，你就要小心了，曾经的岁月静好可能某一天突然就变得水深火热起来，因为他会对你提各种各样的要求。但是，对于关系比较疏远的人，他是不敢提要求的，关系反而看起来很好。

有趣的是，指责和讨好这两种类型的人非常合拍，仿佛天生一对。所以，我们在生活中常常看到，指责型的人通常会找一个讨好型的人做伴侣，讨好型的人也倾向于选择指责型的人做伴侣。

但是，两个指责型沟通模式的人生活在一起就是火星撞地球，一定会吵得翻江倒海。而两个讨好型沟通模式的人生活在一起呢？非常没趣。为了维持表面的一团和气，他们不得不长期压抑自己的情绪和自我。

当你过度用讨好的方式与人相处时，你的情绪是被压抑的，真实需求是被忽视的，自尊自信是被践踏的。

情绪长期被压抑，不病则已，一病就是大病。所以，习惯于这种沟通模式的人一般会得抑郁症、肿瘤甚至是癌症。最好的防治方法就是把情绪释放出去。

所以，当你那个过分和善、懂事的伴侣突然变得没那么好说话了，当你那个习惯于压抑情绪的伴侣突然有一天找你吵架了，你先别急着上火，那可能是好事。

超理智：赢了道理，却输了感情

第三种沟通模式叫超理智，这种人跟人沟通时既不关心"我"的感受，也不理会"你"的感受，任你哭和笑，他就像根木头一样静静地站在那里看着你，因为他们只关心事情合不合乎规定、正不正确。

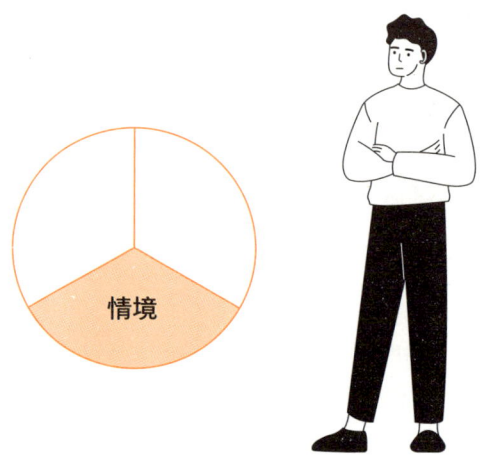

超理智型沟通模式的身体语言

只讲道理不讲人情,心理学领域有一个专门的名词来形容,叫做"述情障碍",也就是表达感情有障碍,这类人不懂得怎样去表达自己的感情,也不知道你为什么总是莫名其妙地发脾气,因为他们好像从来都不会生气。

在接触心理学之前,我就总被我太太数落说是一根没有感情的木头,什么事情都理性分析,什么事情都可以被合理化。因为过分理智,我曾经伤我太太很深。

什么叫"超理智"?就是像电脑一样,不关注感受,只关注事情本身,还美其名曰"我这是对事不对人";习惯于用脑袋"说话",心中只有客观的理性和一大堆道理;几乎不表达自己的感受和情绪,也不允许自己去表达。

从表面看,超理智型沟通模式的人跟谁都合得来,但真相是,"朋友遍天下,知心没几人",他们跟谁的关系都不会走得太近。因为过分冷静理智的人就像机器人一样,冷冰冰的毫无人情味,缺乏与人建立情感连接的能力,也很难与别人产生共情,所以很多时候,他们是赢了道理,却输了感情。他们看似冷静理智,内心里却脆弱得跟玻璃一样,因为害怕受到伤害,于是选择用超理智来切断感受,用道理来武装自己，从而达到自我保护的目的。

他们的身体语言是怎样的呢？双手交叉抱于胸前。这个动作其实是一种下意识的自我保护，因为人的身体跟心理是相关联的——心暖的人，身体是舒展的、敞开的；内心能量不足的人，则会选择抱紧自己。所以，寒冬腊月里，你会习惯性地双手交叉抱于胸前。

很多人认为，超理智的人用脑多容易得脑病，其实，脑是越用越灵活的。大脑是一个非常复杂的机器，人体25%的能量都是被大脑消耗掉的。中医讲"思则伤脾"，所以，超理智的人最常见的毛病是脾胃不好，运化功能差，肤质不太理想，但是身材匀称、偏瘦。

打岔：常常能逗乐别人，却逗乐不了自己

第四种沟通模式叫做打岔。什么叫打岔？打岔就是习惯性地岔开话题，不按你的套路出牌。比如，一位打岔的先生在受到伴侣指责时，他根本不会理会你所指责的事情，而是把话题转移到别的地方。他很可能会说："亲爱的，你今天说话中气十足，身体真好！"或者说："你今天这套衣服真漂亮，我怎么没见你穿过？"

打岔型沟通模式的身体语言

打岔的人很多时候显得很幽默，因为幽默就是不按常理出牌的一种表达方式，当你的逻辑突然被逆转时，你会觉得很搞笑。

比如有这么一个段子。有一天北京刮沙尘暴，记者街头随机采访一个市民，问："大妈，您觉得沙尘暴给您的生活带来了什么影响？"

"大妈"回答说："影响太大了！"

记者追问："能说一下具体的几个影响吗？"

"大妈"认真地回答说："首先你得看清楚，我是你大爷！"

打岔会造成幽默的效果，习惯于这种沟通模式的人，是很多人眼中的开心果，气氛也会因为他们的存在而变得欢快活跃。但是，他们待人处事毫无章法，不按常理出牌，总是从一个规则跳到另一个规则中，你说东他就说西。做事经常有头无尾，遇到困难很容易就放弃。他们的身体语言是动态的，因为他们很难保持静止，总是企图将注意力从正在讨论的话题上引开。

跟打岔型沟通模式的人谈恋爱会很开心，但是，结婚之后才是真正苦难的开始。因为他们既不关注自己，也不关注他人，更不关注当下所处的情境。一旦遇到压力或是要承担责任，他们就像泥鳅一样逃得比谁都快，你永远也抓不住他，即使幸运抓住了，他很快又会从你的手中溜走。

打岔的人通常是不愿意走进婚姻的，因为他们害怕被束缚，即使结婚了，也总想着从婚姻中跳脱出来；他们最害怕受人控制，一旦意识到你想掌控他，他就开始逃；他们看起来很开心，其实并不是真正的开心，因为他们缺的元素最多。所以，他们常常能逗乐别人，却逗乐不了自己。

不少相声演员、小品演员、喜剧演员都是打岔型的，人人都被他们逗得捧腹大笑，但从舞台上下来后，他们却变成了另外一个人，不少还是抑郁症患者，在八卦新闻中，你很容易看到那些看起来很开心的明星自杀的事件。

一致性沟通：让亲密关系变得更亲密

行文至此，我想大家对这四种沟通模式都有所了解了。沟通模式不一样，呈现出来的结果也不一样——指责会让婚姻变得鸡飞狗跳，讨好会牺牲真实的自己，打岔会让问题永远得不到解决，而超理智呢，别人很难感受到你的爱。

也许你会问："团长，这四种沟通模式好像都无法让婚姻变得更好。有没有一种模式能让性格不同的两人沟通，从而获得和谐幸福的婚姻生活呢？"

当然有！那就是一致性沟通模式。

文章一开始，我就提到了，沟通牵涉三个重要元素，即我、你、情境。只有这三个元素和谐互动，沟通才会你好，我好，大家好。

什么是"一致性沟通"呢？它包含三个步骤：

1.接纳对方的感受

没有感受就没有亲密可言。感受是一个人的内在情绪反应。一个人的表层行为或许有偏差，但真实的感受是没有对错的。

当你用"一致性"沟通模式的时候，你要先在感受层面跟对方建立连接。不管对方当下正处于怎样的情绪，有着怎样的感受，最好的连接方式是接纳。什么叫"接纳"？接纳其实就是不加评判地看见，就是你感受到了对方的感受，知道并理解他的感受。

如果对方正伤心、正愤怒，你来一句"你不要伤心了""你不要生气了"，这样的结果就是，仿佛对方此刻的感受是错的，不应该有这样的感受。本来他的感受就不好，你还告诉他他错了，他的感受岂不是更糟糕？他心中的情绪无处发泄，只会更伤心、更愤怒。

但是，当你说："我知道你很伤心，伤心是可以的，我会一直陪着你，你需要的时候，我就在你身边。""我知道你很愤怒，如果我是你，我会跟你一样愤怒，甚至比你更愤怒。"

对方捕捉到的信息是"你关注我的感受，接纳我的感受，你是关心我的、在意我的"。于是，两个人在感受层面就产生了连接（关于感受的连接，后面还会有一章来进行阐述）。

如果你的情感没那么细腻，真的摸不透对方此刻什么情绪，我教给你一个简单的方法——用上归类的语言和概括性的情绪词语来表达。

什么叫"上归类语言"？比如说，苹果是一种水果。如果你说"我知道你很喜欢苹果"，这样说很容易会出错。但是如果你说"我猜你一定喜欢水果"，在这里，"水果"就是一个上归类的词，也就是概括范围更大一些的词。范围再大一点——"我知道你喜欢吃绿色、健康的食品"，对方就会觉得你好懂他。但其实这句话对谁说都是一样的。

情绪的表达也一样。如果对方情绪低落，你可以说"我知道你很难受"，对方就会觉得他的情绪被你看见了、被你允许了，你是真的懂他。因为，"难受"这个词可以包含很多不同的情绪（如果你想了解更多上归类语言技巧，可以参阅我的另一本书《改变一生的谈话》）。

2.表达自己的感受

表达自己的感受就是把自己此刻的感受负责任地说出来。比如你此刻愤怒，你就说"我感到愤怒"；你此刻伤心，你就说"我感到很伤心"……

大多数人都不会表达自己的感受，或者错误地表达自己的感受。

不会表达感受的原因是从小习惯了压抑或者忽略自己的感受，比如习惯用"超理智"和"打岔"这两种应对姿态的人，他们不是没有感受，只是由于成长过程中的种种原因，让他们选择把感受压在心底，所以，需要刻意有意地练习，才能让被压抑的感受释放出来。

另一个原因是，你知道如何表达情绪，但是表达得可能不够深，只是轻描淡写地说一句"我很生气"。

表达情绪和感受的时候，要清晰一点、具体一点，在情感方面始终与对方保持连接。这样，他那颗心再坚硬、再愤怒，也会变得柔软起来。

当你能够坦然、准确地表达自己的感受时，对方才会被你的感受所打动。

错误地表达感受会造成伤害。怎样才算是错误地表达感受呢？带着情绪去表达，而不是表达情绪，这两者是非常不同的。

"表达情绪"的意思是用嘴巴说出你此刻的情绪；而"带着情绪去表达"是没有把自己此刻的情绪经由嘴巴说出来，而是通过抱怨、指责、身体语言等方式表达出来。比如，一个人感受到愤怒，他并没有说自己愤怒，而是以提高声调骂人、拍打桌子甚至动手打人等方式表达自己的愤怒。这样的结果，不仅伤害他人，更伤害了自己。

如何正确表达自己的感受呢？可以分为两个部分来表达：

一是说出此刻发生的事实；二是说出你此刻的感受。

比如：

场景：老公经常加班有应酬，很晚才回家，太太一个人在家独守空房，既孤独又担心。

常见错误的应对方式：

指责：你怎么现在才回来？你心里还有没有我？你心里只有工作，工作比我重要吗？（带着情绪表达。）

讨好：亲爱的，你回来了啊，我煲好了糖水，我盛一碗给你喝。（心里认为，是自己的吸引力不够，老公才这么晚回家。明明有情绪，但却把情绪压抑了下去。）

超理智：你怎么这么晚才回来？总是这样对身体不好，赚钱重要还是身体重要？你要换一种工作方式了，这样用生命去赚钱不值得。（道理一套套，但就是没有感受。）

打岔：亲爱的，你回来了啊。你知道吗？我刚刚看了一个笑话可好笑了，我讲给你听……（不正视老公深夜回家这个事情，尝试岔开话题，试图用轻松快乐的方式代替那些自己不愿意面对的场景。）

以上这四种方式，要不就是压抑情绪（讨好），要不就是忽略情绪（超理智、打岔），要不就是带着情绪去表达（指责），总之，就是不去表达情绪。

一致性沟通就是在真正地表达自己的情绪感受。比如：

一致性表达感受：亲爱的，你经常加班应酬，我一个人在家很担心，既担心你会喝坏了身体，又担心你酒后开车不安全。而且，我一个人在家很孤独，你以后能早点回家吗？

各位男性读者，如果你听到你太太这样表达感受，你会有什么感觉呢？心一下子好像被融化了的感觉对吗？这样，两颗心不就紧紧地连接在一起了吗？

指责就像玫瑰身上的刺，离得近了就会被扎伤，所以伴侣会疏远你甚至离你而去。

讨好表面上好像能拉近亲密关系的距离，但压抑久了，你心中的怨气总有压不住的时候，一旦爆发，那比指责还恐怖。就算你压住了，整个人也会散发出一股浓浓的怨气，而且，严重影响身体健康。

超理智看起来很有道理，无可挑剔，但冷静理智到让人感受不到情感的温度，总让人无法接近，伴侣之间无亲密可言。

打岔好像比较乐观，总是一副欢乐的样子，可是，欢乐的日子难以长久，不是转身而去寻找新的乐子，就是一个人深陷抑郁。

只有一致性地表达感受，才能唤醒对方的感受，帮助你们建立情感连接，让你们的关系越来越亲密。因为，如果对方还爱你，他是不忍心让自己爱的人难过的，自然愿意去改变自己的行为。

所以，如果你希望你的伴侣做出改变，就一定先改变自己的表达方式，接纳伴侣的感受，同时表达自己的感受。两个人只有在感受层面彼此敞开心扉，建立连接，才有可能一起探索出双方都能接受的新方案。

3.一起探索双方可以接受的解决方案

动之以情，晓之以理。如果说前面两步是"动之以情"，那么，这最后一步就是"晓之以理"。

还记得我在前面讲过的一个案例吗？那位试图通过投机找回尊严的丈夫志北，太太韩欣采用指责的方式一直无法改变志北的行为，就算以离婚来威胁，志北依然无动于衷。但在双方表达完感受，在两个人的感受重新连接之后，我提了一个小建议——制定一个家庭规则，家庭成员之间协商约定各自在某方面拥有一定的话语权，彼此之间的权利最好是均衡的。比如说韩欣可以跟志北商定，以后谁要动用家庭资金的话，得先开家庭会议。假设家庭成员四人，必须有三票通过方能动用资金。

家中的大事小事都通过"民主协商"来决定，最终，他们双方都同意了这个解决方案。

这就叫"一起探索双方可以接受的解决方案"。

在沟通的过程中，如果以上三个步骤有欠缺的话，也就是说，沟通三要素"我""你"和"情境"有一个或者多个缺失的话，沟通就会出现障碍。而所谓的一致性沟通，就是确保"我""你"和"情境"这三个元素都得到了应有的关注和尊重，如果能做到这一点，很多矛盾就能避免，亲密关系的改善也变得简单很多。

前文中B君的太太，在上我的课之前，一直受不了她先生的臭脾气，学了一致性沟通后，她知道如何接纳先生的情绪，也会恰当地表达自己的情绪，因此，一头暴躁的狮子在她的怀里变成了一只温驯的小猫。

而我，经过学习，也由原来太太眼中的"木头"，慢慢地打开了情感的闸门，开始变成了一个有血有肉、有温度的男人，用我太太的话来说，我终于像个人了。

改变，从承认开始，因为，承认是成长的开始。不管你现在习惯于哪种应对姿态，只要你能把缺失的补回来，你就能成为一名一致性的沟通者。怎么补呢？

指责的你，请将你正指责别人的手收回来，开始关注对方的感受。对方跟你一样，也是人，也有愤怒、悲伤和委屈……如果你能够关注别人的感受，两个人的沟通又怎会有障碍呢？

讨好的你，你把自己的情绪和感受隐藏得这么好，对方或许根本就不知道你也会难过，也会伤心，也会失望……而且，你一味讨好的姿态只会让对方看不起你！如果你站直身体、挺直腰杆，大大方方地跟对方分享你的情绪、你的感受，你的自信会让你光芒四射！

超理智的你，你的功课会多一点，因为你缺失了两个沟通元素，所以，你不光要关注别人的感受，更重要的是要关注自己的感受。只有能感受自己的感受，你才有能力去感受别人的感受。其实，你不是没有感受，你只是把太多的注意力放在大脑上了。所以，请调整你的焦点，开始关注你的身体，放松身体，将抱紧自己的双手舒展开来，敞开你的心，你才能真切地感受这个世界。记住，你现在所体验到的世界是不完整的，你只活出了三分之一的人生而已，如果你想活出剩下的三分之二，请给自己一个允许，允许情感流露。

打岔的你，因为你不敢直面问题，一直都在逃避，所以，你的功课最多。不要以为你维持亲密关系很轻松，那只不过是你骗自己的把戏而已，你骗谁也骗不了自己！所以，请从这一刻开始吧，开始面对你人生的功课。当年读书时你可以逃课、不交作业，但人生不一样，你逃得了一时，逃不了一世。虽然你三个元素都欠缺，但没关系，你有的是创意，有的是才华，也就是说，你有大把钱交学费，只要你愿意改变，你的资源无限。

亲密关系的好坏与远近，在冰山的表层很大程度上取决于你的沟通模式恰不恰当、合不合适。只要你能看见自己沟通模式中存在的问题，并通过一致性沟通来表达自己，回应他人，做到不指责、不讨好、不超理智、不打岔，那你的婚姻生活会越过越幸福，那些"消逝了的爱"也能够重新被"点燃"。

当然，冰山的表层会受到深层的影响，所以，要彻底改变，还需要在更深层次下功夫。下一节，我们来探索冰山的"感受"层。在这一节结束之前，我想真诚地告诉你，就连团长这样的"木头"也能够改变，变得有血有肉温暖有加。所以，不管你今天的婚姻状况如何，请你一定要保有希望，因为，还有心理学可以帮你。

感受层面的连接：你不表达情绪，就会带着情绪表达

上一节我们探讨了不同性格的夫妻之间该如何相处，这一节我们更进一步去探索一些共性的东西。因为不管你的伴侣是什么性格，两个人在感受层面都是相通的。

在我的职业生涯中，我曾做过不少夫妻咨询个案，他们当中的很多人，相遇之初都觉得对方是此生最理想、最契合的伴侣。可是不知道从什么时候开始，他们的关系停止了正向发展，一轮又一轮的争吵和矛盾让亲密的感觉逐渐消退。亲密，成了他们记忆中的美好。而婚姻，不是过成了毫无波澜的一潭死水，就是过成了没有硝烟的"战场"。

为什么原本应该最亲密的两个人，却越过越不亲密？

是什么导致我们无法拥有真正的亲密关系？

如何帮助这样的伴侣克服关系中的障碍，找回那些"消逝"的爱呢？

回答这些问题之前，我们先来了解一个心理学概念——真我。

真我：亲密关系是一场寻找真我的旅程

有一个故事曾被当成恩爱夫妻的典范广为流传。

一对老夫妇结婚几十载，一直相敬如宾地生活着。每次吃鱼的时候，丈夫都会把自己最爱的鱼腹肉夹到妻子碗里，而自己只吃鱼头。妻子

以为丈夫喜欢吃鱼头，于是，每次都主动把鱼头留给丈夫……

尽管两个人一辈子都没怎么红过脸，是大家眼中的模范夫妇，但他们总感觉婚姻里少了点什么。

丈夫病重临终之际对妻子说："亲爱的，其实我这辈子最爱吃的是鱼腹肉。"

妻子恍然大悟，泪流满面地看着丈夫说："我看你每次都只吃鱼头，以为你最喜欢吃鱼头了，所以每次都把鱼头让给你，其实我最爱吃鱼头了。"

这样的相处方式真的是我们所追求的吗？

很显然，夫妻双方都深爱着对方，因为都愿意把自己认为最好的东西奉献给对方。可是，夫妻俩在一起生活了一辈子，却始终都没有吃到自己最喜欢吃的东西，这样的人生太遗憾了。

可见，婚姻里光有爱是不够的，还需要有智慧。

夫妻关系区别于其他任何关系，也是其他任何关系所不能取代的。虽然他（她）跟你之间没有血缘关系，性别不同，性格也各异，但他（她）是此生陪伴你时间最长、跟你最亲密的那个人。

如果两个人彼此都戴着面具生活，就算你深爱着对方又如何？你那真实的自我一再地被压抑、被隐藏，这样的婚姻又谈何亲密呢？

真正的亲密关系是一个真我和另一个真我的连接与融合，而不是两个假我的相互纠缠。

什么叫"真我"？"真我"本是佛学的一个词语，意思是真正的我。哲学三大终极问题——"我是谁？""我从哪里来？""要到哪里去？"——探索的就是真我的本质。

那"我是谁"，我在前面讲到了，"我是"是一个人的自我认知，是身份层面的定位，这是对"我是谁"的表层回答。

"我是谁"更深层次的答案是什么呢？这是一个很难回答的问题。我只能做一个比喻：

假设你是一个演员，在电影中扮演着一个角色，这个角色是根据剧本来演的，这个角色是好人还是坏人，是贫穷还是富有，全凭剧本决定。

对于一个正常的演员来说，电影拍完了，他就会脱下戏服，从角色中彻底走出来，成为现实中的自己。也许大家聚在一起的时候，还会讨论一下各自的演技，演好人的演员也许会对演坏人的演员说："你这家伙当时害得我够惨，不过你的演技确实不错。"

但是，也有一些演员拍完电影后出不了戏，还活在电影中的那个角色里，错误地认为那个角色就是自己。你说这样的演员傻不傻？

在这个比喻中，"真我"就是演员本身，演员所演的角色只不过是一个角色而已！

人生也一样，在现实生活中，我们需要扮演不同的角色，比如父亲、母亲、儿子、女儿、老板、员工、老师、学生、领导、下属……

或者是另一种描述：好人、坏人、勇敢的、懦弱的、勤奋的、懒惰的、进取的、退缩的、指责的、讨好的、超理智的、打岔的……

为了适应社会，为了生存，我们就像演员一样，按照社会的标准、别人的期待来装扮自己、出演自己。

而这些都是一个人临时的角色，就像一个演员在电影中所扮演的角色一样，是临时的，是剧情的需要，就像外衣一样随时都可以更换。

可是，角色只是角色而已！不少人却误以为角色就是自己，在虚假的角色里浑浑噩噩地过一生，这是多么可悲的事情！

很多时候，角色就像标签一样，会阻碍你看见对方的真实。比如说一支笔，笔被命名为"笔"之后，很多人是看不到它的本质的，因为他的视野已经完完全全被"笔"这个标签给屏蔽了。

婚姻同样如此，一旦你用角色和标签来定义你的伴侣，你是无法看到对方内在的真我的，因为你的视线会被他身上的角色、标签给屏蔽住，尤其是当你有一些负面认知的时候。

比如说，当你把你的伴侣定义为一个不负责任的大坏蛋时，你眼中就只会看到他的各种坏，他身上的好你完全看不到。

又比如说，当你把你的伴侣定义为一个贤妻良母时，你眼中就只会看见她的勤俭持家贤良淑德。一旦她表现得没那么贤惠了，你就会觉得"她不再是你最初认识的那个人"。

当你用一个个角色和标签去定义、固化你的伴侣时,那么你就很难感受他的真实,走进他的内心世界,更别说与他产生亲密的连接了。

脱掉角色的外衣,真实的"我"才得以呈现,而这就是心理学所说的"真我"。

每个人的内在都隐藏着一个"真我"。真我又叫本我,是真实的、毫无掩盖的、没有任何包装的、原原本本的"我"。

只有当你在伴侣面前完完全全、毫无保留地呈现最真实的自己,并跟对方产生连接时,你们之间才有可能产生一种叫亲密的关系。

防卫层:保护着自己,却也隔绝了爱

真我通常没那么容易呈现出来,因为大多数时候它都被防卫层和感受层包裹着。如下图所示:

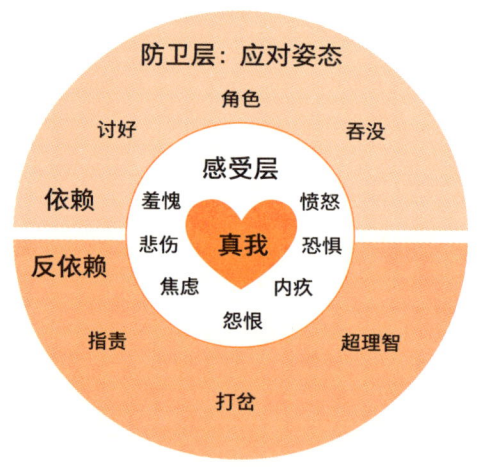

"防卫层"又叫"角色层",它就像一个战士的盔甲一样,保护着我们的安全。但是,在保护自己的同时,也隔绝了爱。

防卫通常表现为两种类型:

1.依赖

依赖，顾名思义就是"我一个人独立不了，需要依靠另外一个人，否则我就无法生存"。依赖型的人把人生的希望都寄托在另一个人身上，这就像水之于鱼一样，鱼离不开水而生活，没有你他也就活不了，所以，他们总是千方百计地靠近你、依赖你，只有这样，他们才能获得足够的养分和安全感。

依赖型防卫通常表现为两种形式，一种是"讨好"。我们在前面讲到了，这样的人往往习惯于压抑真实的情绪，隐藏真实的自我，明明心中缺爱、渴望亲密，却不敢敞开自己去跟别人连接。

另一种叫做"吞没"。吞没是超级版的讨好，一个讨好的人会不断地压抑自己，而一个被吞没的人连压抑都不需要，因为他根本就没有自己。一个从小被父母用包办代替教育方式长大的人，就会养成被吞没的模式。这样的人从小到大都感觉不到"我"的存在，对自己的事情从来没有自主选择的权利，活成了别人希望的样子，完全找不到自我。

为什么一个人会选择依赖别人而生活呢？其实，依赖也是一种防卫方式，当你把人生交给另一个人时，你就无需对自己的人生负责，就不用承担可能的风险。

习惯于使用依赖型防卫的人，人生是被动的，因为，他把自己的人生交给了别人。

2.反依赖

反依赖跟依赖刚好相反，反依赖型的人追求的是独立、空间和自由。为了保护自己的安全，刻意地跟别人保持距离的一种防卫方式。

反依赖型防卫通常表现为三种形式——指责、超理智和打岔。这三种不良应对姿态，我们前面已经详细阐述过。

这三种方式跟前面的依赖型刚好相反，是一种主动的防卫方式。

生活中，很多夫妻的结合都是依赖型跟反依赖型的结合。对依赖型的人而言，他的人生目标就是找到一个可靠的肩膀，让自己心安。在他们眼中，反依赖型的人是独立的、强而有力的，看起来浑身充满了能量，是靠得住、值得信赖的理想伴侣。

而对反依赖型的人来说，依赖型的人表面上看起来一点攻击性都没有，在他们面前感觉相对安全，所以，依赖型的人很容易吸引反依赖型的人。其实，你们误会了，依赖型的人控制欲更强，只是他们控制你的方法和手段非常隐秘。当年的你读不懂、看不透，于是轻易就上当了。

对于依赖型或反依赖型的人来说，他们要么是想从对方身上索取更多的爱，要么是将自己层层包裹隔绝了爱。这样的他们都无法拥有真正的亲密关系。因为，不管是依赖还是反依赖，都是防卫机制中的一种。防卫层的常用伎俩是切断身体的感受，而亲密本身就是一种感受，没有感受就没有亲密。所以，防卫层在保护我们自己的同时，也隔断了爱。

当然，人是群居动物，正如英国诗人约翰·邓恩所说：没有人能像一座孤岛，在大海里独居，每个人都像是一块小小的泥土，连接成整个陆地。亲密关系也是如此。当两个真我彼此连接、深入融合时，两个人才会获得真正的亲密。

因此，人与人之间是需要相互依赖的，我并不主张在亲密关系中完全独立自主，不去依赖他人。因为人是社会性动物，每个人的内心深处都需要并渴望自己有人可依赖，也希望自己被别人依赖。适度依赖，会让两个人的关系走得更近。承认并觉察到这一点，对夫妻双方来说很重要。关于这一点，我会在后面的章节中展开阐述。

感受："应该是"和"如是"之间的较量

亲密，是两个真我的连接。那如何才能让两个真我产生连接呢？

在角色层下面，还有一个"感受层"保护着真我。感受层是离真我最近的一层。在冰山的这一层，我们会体验到各种各样的情绪，包括愤怒、恐惧、内疚、怨恨、焦虑、悲伤以及羞愧等。而真我就被这些情绪和感受紧紧地包裹其中。如何才能窥探到内心的真我？只有打破这些层层包裹。

那一个人的感受是怎么产生的呢？不同的人对于同一事件会有不同的看法，会产生不同的情绪和行为反应。当一个事件发生时，我们信念中认为的"应该是"和现实中发生的"如是"会产生比较，两相比较之下，各种各样的情绪就产生了。

比如说，"我"认为"我"应该拿到一万块奖金（应该是），但事实上，老板只给了"我"八千（如是），即使八千的年终奖已经高于同行业的标准，但"我"依然会失望、会闷闷不乐。

"我"认为伴侣应该疼我爱我宠我体贴我（应该是），但事实上，伴侣对"我"的疼爱不是我想象的样子（如是），内心的不满开始滋生，于是，"我"便会感觉到痛苦。

"我"认为孩子应该是懂事的努力的上进的（应该是），但事实上，他调皮捣蛋不思进取（如是），一次次的希望化作失望，于是愤怒随之而来。

当现实的世界与我们大脑中的想象不一致时，我们就会产生感受。

对于好事而言，当"如是"大于"应该是"时，人就会产生开心、兴奋等正面情绪；相反，当"如是"小于"应该是"时，人就会产生失望、愤怒等负面情绪。

对于坏事而言则刚好相反，当"如是"大于"应该是"时，人会产生恐惧、惊慌等负面情绪；当"如是"小于"应该是"时，人会产生轻松、庆幸等正面情绪。

明白了感受背后的形成机制，我们便可以调节自己的感受。

怎么调节感受？有两个方法：

第一，改变"如是"，也就是改变我们所处的环境。

第二，改变"应该是"，也就是改变我们大脑中的信念。

我想大多数人都知道第一个方法，这是人类进化的方向，人类为了提高自己的生活质量，一直在努力改变自己生活的环境。

第二个方法则鲜为人知，因此，痛苦的人群随处可见。

对于夫妻关系来说，"婚姻环境"除了与伴侣之间发生的一件件事情之外，还包括伴侣本身。因为人们总是习惯于改变环境，所以，当夫妻之间出现问题时，一方总想着去改变另一方。这样的结果只会加深双方的痛苦。

我们很难改变别人，但可以改变自己，至少可以改变自己的想法。学过心理学的朋友都知道，只要学会了如何调整、改变自己的想法，很多痛苦都可以迎刃而解。所以，只要你愿意改变你的想法，你便可以拥有美好的感受。

如何通过调整自己的想法改变自己的感受呢？请留意你感受下面的感受。

什么叫"感受的感受"呢？简单说就是，你对当下的感受所产生的新的感受。

比如说，如果你感到愤怒，你对自己的愤怒不满意，这个时候，你的内在会有一个声音："你是一个受过良好教养的人，怎么能生气呢？"于是，在愤怒的基础上，你又产生了一种新的情绪——自责或者内疚，这就是感受的感受。这种新的感受实际上是由一种想法引起的，所以，从感受的感受中，你很容易看到产生感受的想法。

有过失眠的朋友最容易体会到这一点。当你睡不着时，如果你对自己睡不着这种状态不满意、不接纳，你的内在就会产生很多对抗的声音：

"怎么会睡不着呢？"

"睡不着明天怎么办？"

"我一定要尽快睡着！"

可是，当你纠结于睡不着时，你又怎么可能睡得着？于是，辗转反侧，一夜无眠。

那怎么办？很简单，如果你能给自己一个允许，允许自己睡不着，奇怪的事情就发生了——你一下子就睡着了。当然，睡不着觉有很多原因，有一些生理上的原因不在我们讨论的范畴。这里讨论的是心理上的原因。

从心理上来说，一个人睡不着觉通常是因为对于睡不着觉这事过于纠结造成的。

情绪也是一样的，如果你能够接纳你当下的情绪，不管出现什么情绪，只要你能给情绪一个允许、一份接纳，跟自己说：

"愤怒（或者其他情绪）是可以的。"

你会发现，当你接纳情绪时，情绪很快就会得到平复。但是，如果你不允许、不接纳当下的感受，感受之外又多了一份感受，于是，本来不好的感受就会越来越多，像一团理不清的乱麻一样层层纠结在一起，这就是人会深陷痛苦的原因之一。

对感受的感受决定着一个人的生命质量。同样，在伴侣之间，感受的感受也决定着一段亲密关系的质量。

在亲密关系中，对感受的感受包含以下两个方面内容：

1. 对自己感受的感受，也就是能否接纳自己的感受。
2. 对伴侣感受的感受，也就是能否接纳伴侣的感受。

一个不能接纳自己感受的人，通常很难接纳别人的感受；一个能接纳自己感受的人，同样也能够接纳别人的感受。因此，上面两点其实就是一点。

有一种攻击，叫"情绪攻击"

在传统教育中，我们从小就被教育着"情绪是不好的""男儿有泪不轻弹""不能生气，要乖乖听话"，仿佛只有乖孩子才是好孩子，爱哭的孩子是坏孩子，是不受欢迎的。即使被同学欺负受了委屈，你也只能努力把情绪和眼泪憋回去。

长大后，当你很伤心、很沮丧的时候，朋友也会安慰你说"不要伤心，不要难过"，仿佛伤心难过是不对的，是错的。于是，你慢慢地学会了压抑自己的情绪，不敢表达自己的情绪。

不是说"忍一时风平浪静""百忍成金"吗？情绪一定要被表达出

来吗？不表达情绪有什么不好呢？

我们来感受一下下面这个夫妻相处的场景：

国庆假期前夕，太太非常兴奋地跟先生说："亲爱的，国庆有七天假，辛苦奋斗了这么久，好想彻彻底底放松一下啊。我们一家人到云南丽江去美美地度个假怎么样？我规划了很久。"太太一脸渴望地看着先生，想象着漫步丽江古城的那份放松与惬意，她嘴角不自觉地上扬。

结果，先生说："国庆期间去旅游啊？可是，我同学要来，我得陪他。"

太太一听，兴奋之情荡然无存，但好脾气的她把心中的失望和不爽压了下来，略带酸味地说："要陪同学啊，那你同学更重要咯。"

先生本来没有情绪，突然间感到一股莫名其妙的脾气涌了上来："我跟老同学几十年不见，他来找我，难道我不应该陪他叙叙旧吗？"

他的质问激起了太太的情绪，但她又给压了下来，说："我哪句话说不行了，你就陪同学嘛。我跟女儿没地方去，那就待在家里咯。"

虽然太太说起话来不紧不慢、语气和缓，但先生就是感觉胸口有一股火气腾地冲了上来："你什么意思？我陪同学就等于没陪家人吗？难道我没陪你们出去玩过？"

"我没有这个意思，只是我规划了那么久……你同学比我们更重要咯。"太太依旧好声好气地说。

先生彻底受不了了，情绪失控地大吼："什么重不重要？国庆假期我同学刚好要来，我陪他一下都不行吗？"

这个时候，太太也愤怒了，但她是有修养的人。于是，她把心中的那团火强行压了下来，委屈地说："我哪句话说过不行啊？嫁给你几十年，我什么时候说话算数过？"

从始至终，太太一直都是温柔而又平静的。但是换作是你，你受得了吗？受不了！

这个场景是不是很熟悉？在生活中，我们常常会看到这样一种情况：一对夫妻，其中一方脾气很好，从来不发脾气；但另一方一点则燃，动不动就上火。面对这样一种情况，我们通常会指责发脾气的一方，同情"脾气好"的一方。可是，看完上面这个场景后，你是否还会依然坚持原来的观点？

两个人相处时，在双方之间仿佛有一条看不见的"情绪管道"，当一方压抑情绪时，情绪会在另一个人身上爆发出来。如下图所示：

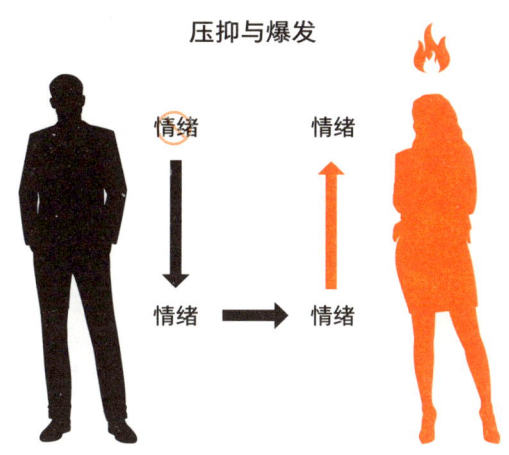

为什么会这样呢？

情绪难道真的是一种能量，会在两个人之间传递？

情绪是不是能量有待物理学家去研究，但从心理学的角度来看，这种现象很好解释：

你不表达情绪，就会带着情绪表达！

在沟通中，有三个传递信任的途径：

1. 语言内容。

2. 语调。

3. 身体语言。

有研究认为，在沟通中，"语言内容"只占7%，语调占38%，身体语言占55%。也就是说，就算你用意识压抑着情绪，不用语言表达出来，你的语调、身体语言也会把你压抑的情绪表达出来。

在上述的例子中，太太虽然用词隐忍，语调平和，但她的面部表情和她的身体动作一定会带着情绪。一个人的意识可以控制他的说话内容，也可以控制他的语音语调，但无法控制他的身体语言，因为，身体从不说谎（当然，受过专业训练的除外，比如特工）。

通过语言把你感受到的情绪述说出来，叫做"表达情绪"。

而把情绪通过语调和身体语言表达出来，叫做"带着情绪表达"。

当你不表达情绪，而是带着情绪去表达时，你的情绪会点燃另一个人的情绪。所以，你压抑的情绪，都会从伴侣那里表达出来。反之亦然，伴侣压抑的情绪，也会从你这里发泄出来。这就是为什么在一些夫妻中，明明一方脾气很好，但另一方却脾气暴躁的原因。很多时候，并不是对方脾气差，而是他代你表达了你压抑的情绪而已！

当然，并不是说发脾气的一方就没有问题，他之所以会发脾气，是因为他没有学会如何表达情绪。他的表现也是另一种方式的带着情绪的表达。

如果夫妻双方都压抑情绪呢？那孩子就会遭殃！就像一个气压太高的轮胎一样，总会在最薄弱的地方爆发。所以，一味地压抑情绪不仅会把情绪传递到伴侣或者孩子身上，而且还会伤害自己的身体。有研究发现，大多数身体疾病都跟情绪压抑有关，但这不是本书讨论的范畴，就不展开赘述了。

压抑情绪不好，那是不是把情绪发泄出来就对呢？

当然不是，所谓的"发泄情绪"就是前面说的"带着情绪表达"。当一个人带着情绪表达时，往往会失去理智，会说出伤人的话，甚至还会动手伤人，最终导致两败俱伤。大多数的家庭暴力都是因此而导致的。

发泄情绪跟压抑情绪的危害一样大，所以，有一种攻击叫"情绪攻击"。

如何表达情绪，关系才会更亲密？

当你压抑自己的情绪和感受时，你就切断了与伴侣的连接，隔离了彼此亲密的机会。但是，如果你无法控制自己的情绪任其发泄出来，身心受到伤害不说，还会把伴侣越推越远。所以，不管是压抑还是发泄，都会切断双方的亲密关系。

面对情绪，压抑不行，发泄也不行，那该怎么办呢？学会负责任地表达情绪，这样才能拉近两个人之间的距离，让关系变得更加亲密。

那怎样才能负责任地表达自己的情绪呢？

1. 接纳情绪，允许情绪的存在

怎么接纳负面的感受呢？很简单，团长送大家一句"咒语"——"××感受是可以的"。比如：

当你感到愤怒时，跟自己说"愤怒是可以的"；

当你被人伤透了心时，跟自己说"伤心是可以的"；

当你正因某事而焦虑时，跟自己说"焦虑是可以的"。

同样的道理，当你面对伴侣的负面情绪和感受时，允许并接纳对方是愤怒的、伤心的、焦虑的……那么，他（她）的负面感受自然就消解了。你离真正的亲密关系也就更近了。

2. 表达情绪，清除情绪的"垃圾"，释放积压的能量

刘备武不能上阵杀敌，文不能定国安邦，可是为什么他最终做了皇帝？其中一个原因就是他特别善于表达自己的情绪和感受。不懂心理学的人只会骂刘备软弱爱哭，但其实哭的威力无穷。只要刘备"梨花带雨"地一哭，张飞、关羽这两兄弟便死命相随，所以，历史上有"刘备的江山是哭出来的"的说法。你看，刘备一哭，天下无敌。

对一段亲密关系来说，只有当两个人彼此袒露自己的感受时，他们之间才会建立深入而长久的亲密连接。但是，对中国式的亲密关系来说，大多数人是宁可咬碎牙也不以哭示弱，宁可隐忍不发也要息事宁人，他们是不懂得表达情绪和感受的。

一个总是压抑情绪的人，我称之为"垃圾人"。很多心理学方面的文章都讲到了"垃圾人"这个概念。但我认为，所谓的"垃圾人"不是动不动就拍桌子、骂粗口的人，这种人其实相对很安全，因为他的情绪已经释放出来、表达出来了，他骂完了就没事了。

真正的"垃圾人"是前半生都在压抑情绪、不发脾气，一旦他的情绪被点燃，带来的后果可能就是致命的。这种人表面上看起来温文儒雅、遵纪守法、情绪稳定，但是，一旦他被最后一根稻草压垮，他的破坏力是不可想象的。

所以，你真正要小心提防的，不是那些动不动就发脾气的人，而是在他脸上永远看不到情绪的人。他们心中的"情绪垃圾"年复一年地积压下来，不释放出来，产生的能量是非常恐怖的。一旦你成了压垮对方的那根"稻草"、成了引爆对方情绪的导火索，那结果可能会是你生命中的不可承受之重。

怎么清除情绪"垃圾"呢？最简单的方法就是负责任地表达情绪。这里的关键词是"负责任"。

跟大家分享一个简单的小技巧——表达情绪时一定要用"我信息"，而不是"你信息"。

"我信息"与"你信息"带给对方的感受是完全不同的，我们来看下面的例子。

场景一：孩子沉迷于游戏，父母很生气。

用"你信息"来表达："你怎么这么懒惰？你再这样，我揍你了！""你这么不爱学习，将来能有什么出息！""你这么爱玩游戏，游戏能养活你啊！"……

而用"我信息"来表达："孩子，看到你这么沉迷于游戏，不好好学习，我真的好难过、好担心，我害怕你以后考不上好的大学，我就得花一大笔钱来供你读私立学校。可是，我的工作压力好大。"

场景二：爱人在家里抽烟，你很难受。

用"你信息"来表达："你抽烟好讨厌啊！""你身上好臭好难闻啊！""你随手扔烟头，不讲卫生！"……

而用"我信息"来表达："亲爱的，我觉得烟味好难闻，每次你一抽烟，我都感觉很难受。而且，你经常抽烟，我很担心会影响你的身体健康。"

不难看出，"你信息"表达是以"你"开头的方式来表达情绪——"你懒""你没出息""你好讨厌""你好臭"……其实，这些都不是在表达情绪，而是在发泄情绪，指责对方。当你一味地指责他人、发泄情绪的时候，对方就会像刺猬一样竖起尖刺来进行防卫和反击。因为，你的"逆耳忠言"对他们来说就是"话里藏刀"，会刺痛他们的自尊。

"我信息"表达是以"我"开头的一种表达方式，表达的是自己的感受，是一种负责任的表达——"当……的时候，我感觉……"给自己的内心感受和情绪一个出口，清晰而直接地向对方表达出来。当情绪被负责任地说出来后，不仅自己的情绪张力会有效释放，更重要的是，这样一种表达方式会拉近双方的关系。因为，当你负责任地表达情绪时，你已经穿透了情绪层，两个人的真我就自然而然地连接起来了，只有真我连接的关系才是真正的亲密关系。

3. 保持觉察，尽量减少大脑中的"应该"

前面讲过，情绪是由大脑中的"应该是"与现实中的"如是"不符时产生的。所以，你的情绪并不是来源于对方做了或者不做什么事情，而是来源于你大脑对所发生事情的解读。

现实世界不可能按你大脑中的"应该是"发生的，如果你的大脑充满着各种"应该是"，那必定会跟现实产生冲突，这就是你不得安宁的原因。只有对你大脑中的"应该是"保持觉察并尽可能地放下那些执着的"应该"，尽可能地接纳你的伴侣以及世界正在发生的事情，你的身心才会体验到一种平静而轻盈的美好感觉。

穿越防卫层和感受层，才能抵达真正的亲密

两个本来陌生的人走到一起结合成为夫妻，其实就是一个穿越防卫层和感受层的过程，我们从他们谈话内容的变化就可以看出来。

两人从相爱到结婚一般会经历以下几个阶段：

1. 谈天气。
2. 谈观点。
3. 谈感受。

这是一个从相识到结婚的过程,从初相识的谈天气到能够坦然向伴侣表达观点甚至是感受时,两个人之间的连接便开始了。如果你看到身边的两个人经常彼此分享自己的感受,那你就可以初步判断他们之间已经建立亲密关系了。

　　相反,那些不幸的婚姻都是朝着相反的方向发展的。当两个人不再分享彼此的感受,开始只谈论观点时,这段亲密关系也就渐行渐远了。到了观点也不谈,只谈天气时,他们的关系距离婚已经不远了。

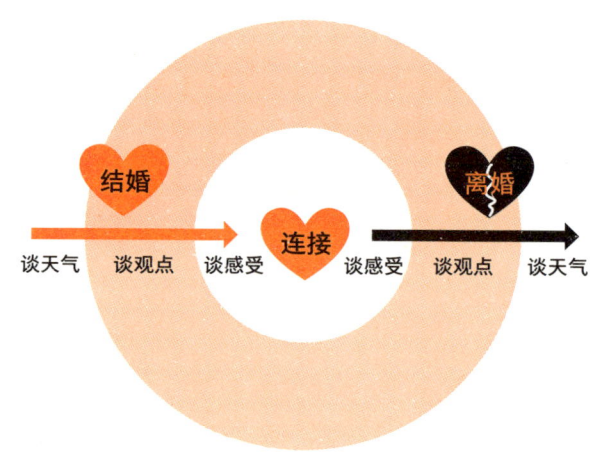

　　所以,如果你发现你跟伴侣之间的关系开始变得疏离,怎么重新找回爱的感觉?很简单,穿透保护层展现最真实的自己,并负责任地表达深藏于内心的感受。当你能够重新表达感受的时候,你们俩才能够重新点燃爱的火花,找回亲密的感觉。

　　一段亲密关系是否舒展、舒适,取决于我们的真实情绪和感受能否自由地表达出来,尤其是那些负面的情绪能不能勇敢地表达出来。因为真正的亲密来源于真实,唯有敞开自己,真实以待,我们才能获得真正的亲密。

　　为了生存,为了避免遭受伤害,我们难免会使用各种各样的防卫策略——在"真我"的周围砌上一堵厚厚的墙,往身上贴各种各样的标签。这一堵堵墙和一个个标签保护着我们的同时,也阻碍着我们与"真我"

相遇、与伴侣建立真正的亲密连接。

面对陌生人，我们穿上盔甲还情有可原。可是，面对自己最亲密的爱人，我们为什么还要层层包裹、层层防卫呢？这跟一位战士把战场上的盔甲穿回家一样可笑吧？

如果你的伴侣是一个在你面前也穿着厚厚的盔甲，并习惯性地切断自己感受的人，你大概可以有如下几种选择：

1.送他去治疗或者上疗愈性的心理学课程。

2.自己去治疗或者上疗愈性的心理学课程。

3.如果以上两个方法都无效，那就离开他。

4.你准备变成一个精神病患者。

我们都知道，每一次真实的敞开，都是一次心灵的冒险。因为每个人的内心都有着深深的恐惧，而恐惧的背后隐藏着的是一个人内心的匮乏，这就牵涉后面的内容了。如果你想进一步了解冰山下的自己，请阅读下一节内容。

观点层面的连接：君子和而不同

刘新和李频是一对夫妻，两个人性格、爱好、习惯截然不同。刘新是典型宅男，最爱电子游戏，而李频活泼开朗最喜旅游；刘新简单知足，安于现状，而李频呢，性格最是要强，凡事都要争个高低。两个人连饮食习惯都大不同，刘新嗜辣，无辣不欢；李频口味清淡，偏爱素食。

众人眼中最不搭的两个人，婚姻生活走过了十余年，却依然相爱如初，感情好到令人羡慕。

而那些找我做婚姻咨询的夫妇，在我的咨询室一般都是从吵架开始的，他们吵的通常都是一些鸡毛蒜皮的小事，各持己见，互不相让，每个人都想证明自己是对的。在我面前都是如此，可想而知，他们的日常生活又是怎样一番景象。

同样是性格各异、观点不同、看上去八竿子打不着的关系，为什么刘新和李频能活成别人眼中最般配的夫妻，而其他大多数夫妇却矛盾不停，冲突不断呢？

香蕉与苹果，爱与被爱

当局者迷，旁观者清。如果你也经常因为观点不同和伴侣争论不休吵架不止，那我先带大家从旁观者的角度去看一个故事：

以前有人在某论坛上发过这样一个帖子，引发了热烈的争论：

"我喜欢香蕉,可是你给了我一车苹果,然后你说你被自己感动了,问我为什么不感动。我无言以对,然后你告诉全世界,你花光了所有的钱给我买了一车苹果,可是我却没有一点点感动。我是一个铁石心肠的人吗?我的人品是有问题的吗?可我只是喜欢香蕉而已啊……"

你有被这个故事共鸣到吗?你的爱人是否也一样?你明明喜欢"香蕉",可是他却给你一车"苹果"?你要的他没给,他给的又不是你想要的。于是,你认为他不爱你,或者他不懂得爱你?

又或者你站到了另一方,满肚子的委屈——你不告诉我你喜欢香蕉,我又怎么知道呢?苹果比香蕉更值钱啊,一车苹果可以换多少香蕉啊?你怎么能这么死心眼呢?为什么不试试苹果,苹果比香蕉对身体更有益啊?

不管你是抱怨的一方,还是委屈的一方,只要你是这两者之一,你的婚姻就一定会有危险!因为,争执之下,没有赢家。就算你口才了得赢了争论,你也一定会输掉关系。

每个观点的背后,都有其正面动机

那面对不同的观点,该怎么办呢?如何才能与不同观点的人相处?

孔子的答案是:"君子和而不同。"如何才能做到"和而不同",孔子并没有说。

我的一位心理学导师张国维博士曾经跟我讲过这样一个故事:

有一次,一个基督教教会请张博士去讲心理学课程。在互动环节,一位年轻的神父问了张博士这样一个问题:

"都说上帝爱每一个人,可是,有些人实在是坏透了,可谓无恶不作。上帝怎么能爱那些恶人呢?你从心理学的角度怎么看?"

张博士回答说,上帝是怎么做到这一点的,他真不知道。作为一名心理学导师,他也能做到爱每一个人,当然,他并不是爱这个人的行为,也不是爱他的观点,而是爱这个人本身。

每个人的行为背后，都有一个正面动机。行为和观点也许会有错，但行为和观点背后的正面动机不会有错。

什么意思？

以小偷为例，我想没有人会认同小偷的行为和观点，因为，偷东西是违法的。但是，小偷为什么要偷东西呢？也许是为了生存，也许是为了孩子读书，也许是为了养家糊口……不管是为了生存，还是为了孩子读书，这些动机你能说是错的吗？

所以，行为和观点可能有错，但其背后的正面动机总不会有错。如果你指责对方那些你不认可的观点和行为，只会把对方变成你的敌人，就算不是敌人，你们的关系也会越来越远。

比如，如果你发现身边有人有偷东西的行为，你指责他："你怎么能偷东西呢？这是多么愚蠢的行为，难道你脑子进水了吗？你不知道偷东西是犯法的吗？"

请问他会听你的话吗？我想一般不会，他一定会辩解说：

"你以为我想啊？有头发谁想做癞痢啊？你是站着说话不腰疼。如果你像我这样穷，你不仅会偷，还会去抢。"

但是，如果你能看到他背后的正面动机呢，就大不一样了。这时候你可以先肯定他的动机，肯定他的能力和特质，也就是团长在《只因目中无人》一书中所说的"先对人，后对事"，效果就会完全不一样。

我们未必能改变每一个小偷，但如果你能这样做，一定能唤醒部分小偷的良知。

在婚姻关系中也是一样。当两个人的观点不一致，或者你不能接受对方的某些行为时，不妨试试透过观点和行为去看到他的正面动机。

以前面的香蕉与苹果之争为例：

发帖的人之所以会抱怨，是因为没有看到对方的正面动机。你想想，一个人能倾其所有为你买一车苹果，那是一份多深的爱啊！你对伴侣的爱视而不见，不仅不感谢，反而充满怨恨，这样的后果会如何？对一个普通人来说，只会感到委屈。当委屈积累到一定程度时，只好远离你了。别人怎么对你都是你教的，婚姻的破裂一定有你自己的一份责任。

当然，委屈的一方也有自己需要成长的空间。如果你知道有"正面动机"这回事，你就不会感到委屈了，你会从对方的抱怨中看到他的正面动机，他不就只是要点香蕉吗？香蕉比苹果便宜多了，下次满足他便是了，多简单的事情？

事实有真假，观点无对错

莎士比亚说："一千个读者眼中就有一千个哈姆雷特。"不同的人面对同一件事时，往往有着不同的感悟与理解，因为每个人都会站在自己的立场，从不同的角度去进行解读。立场和角度不同，也就决定了得出的结论、形成的观点不同。

观点不等于事实。

每个人都会用自己的方式解读这个世界，解读的方式又跟历史背景、个人成长经历、所处的位置和认知的高度等有关。

杨贵妃是"中国古代四大美女"之一，这是家喻户晓的事。可是，如果杨贵妃生活在今天，她还会是大众眼中的美女吗？那就不一定了，因为审美的标准一直在变。唐朝流行的是"丰腴美"，如果大家观赏过唐朝的绘画就会发现，画中展现的女性形象一定是丰腴的。而现代社会一般讲究的是以瘦为美。观点的标准会因人而异，因时代而异。如果杨贵妃生活在今天，她只能算个胖妞，肯定算不上美人。同样，如果你身材发福，不要难过，要对自己有信心，因为，如果你穿越回唐朝，说不定就是第五大美女呢？

因此，面对不同观点时，如果我们能清醒地认识到，那只是他对这个世界的一种解读方式罢了，你对他的观点就会多一份包容。

世界上没有两片完全相同的叶子，世界上也不存在两个完全一样的人，更不可能会有思想、观点完全一致的两个人。更何况，男人和女人本就来自不同的星球，性别不同，性格不同，原生家庭不同，思维方式也截然不同，对同一事件的看法必然大相径庭。

但是，如果你固执地认为，只有自己才是对的，不认同也不接纳对方的观点，甚至还习惯性地把自己的观点强加给对方，要求别人跟你一致。当对方观点跟你不同时，你就会使尽各种方法企图改变对方。如果对方不愿意改变，你就认为对方变心了，不爱自己了。这样就麻烦了，你的婚姻可能会因此支离破碎，就算你在婚姻之外，你也很难找到朋友。一个没有朋友、没有家的人生，我想一定不是你所追求的人生吧？

跟伴侣观点不一致时，该怎么办？

像刘新和李频这样彼此有着不同的观点，但仍然能够恩爱和谐地生活在一起的伴侣比比皆是。所以，亲密关系甜蜜与否、稳定与否，跟两个人的观点是否一致并不完全相关。

而且，以我二十多年的心理学经验来看，那些经常为不同观点而争吵的伴侣，并不是不爱对方了，他们大多数只是不知道如何在观点层面与伴侣沟通和连接。经过咨询，我发现，大多数婚姻都是有希望的，因为绝大多数人都没有学过相关心理学，只要能把心理学这门课补回来，婚姻就会重现光彩。

那面对观点不一致时，我们该如何与伴侣相处呢？综上所述，大概可以归纳为以下几个方法：

1.观点不等于事实。要不断提醒自己这一点，对方的观点只是对方对世界的一种主观解读而已。

2.透过对方的观点，去看他观点背后的正面动机。观点你无法接受，但观点背后的正面动机你也许可以接受。

3.接纳对方跟自己的观点不一样。关于这一点，我在"接纳：婚姻里最大的陷阱——强求一致"那一节已经讲得很清楚了。海纳百川，有容乃大。如果你想拥有幸福的婚姻，就要不断修炼自己，拓宽自己的思维方式以及视野、格局，尊重不同，理解差异。当你的思维格局越大，你就越能包容、接纳别人的不同，允许别人做自己。这也许就是孔圣人讲的"君子和而不同"吧。

4.听见对方的观点。这一点十分重要,接纳、包容不同的观点,并不等于对不同的观点视而不见、听而不闻。每个人都渴望被看见、被听见,所以,当你听到不同的观点时,你不一定要同意,但最好要让对方知道,你听到了。比如,你可以诚恳地跟对方说:

"我听到了,你的观点很有趣啊!"

"我明白了,我不同意你的观点,但我尊重你的观点。"

"你的见解给了我一个全新的思考方向。谢谢你。"

一花独放不是春,百花齐放春满园。你试想一下,如果这个世界只开一种花,那该多单调?如果夫妻双方都是同一种观点,那该多无趣?我们干吗结婚呢?干脆自己一个人过就好了,或者找个工厂,按照自己的标准生产个机器人做伴侣算了。

因为不同,才会成长;因为不同,才彼此需要;因为不同,才让生活更加有趣……接纳彼此不同,欢迎彼此的不同,并享受彼此的不同,你才能真正享受婚姻的幸福。

需求层面的连接：别错把需求当成爱

研究萨提亚理论的林文采博士曾讲过这样一个故事：

一对夫妻在离婚前找她做婚姻辅导，离婚是女方提出的。林老师看她态度坚决的样子，以为男方出轨了，或者是她心另有所属，但这些原因都不是。让她决定离婚的原因竟然是老公没给她买生日蛋糕。

为什么一个小小的蛋糕会导致她做出离婚的决定？女方道出了因由。原来，出身贫寒的她从小就十分羡慕别人过生日时有蛋糕吃，可是那时候家里穷，买不起，她充满了委屈，于是在心里暗暗发誓，以后有钱了，年年过生日时都要买个大大的蛋糕。

可是，结婚十多年了，她先生一次都没给她买过，每次她失望时，先生都说自己忘了。平时先生对自己还是挺好的，所以，十多年来她一次次原谅了他。但今年她实在无法原谅了，因为在她生日前几天，她主动多次提醒先生，今年生日一定要记得买蛋糕给她。生日这天，在先生下班前，她还特地发了条微信提醒，可是，先生下班回来时，依然两手空空，没有买蛋糕。那一天，她彻底绝望了。

林老师问她先生，他是不是真的又忘记了？先生是个老实人，他诚实地说，自己没有忘记，就是不想给她买。林老师问他为什么，他说她太矫情了，都这么大一个人了，没必要像个小孩子一样。

在所有的婚姻故事中，这个故事给我的印象最深刻。至于林老师听完他们的故事后是如何进行辅导的，我稍后再跟大家说。

看完这个故事,不知各位读者会不会有共鸣?

你是否也像故事中的那位女士一样,尽管自己对伴侣提出的要求非常简单,可是伴侣就是不满足你的期待?

又或者,你跟故事中那位男士一样,对于伴侣的要求,会觉得荒唐甚至是无理取闹。

比如:

"他情人节一束玫瑰都舍不得给我买,太让人寒心了。"

"为什么一定要这个时候买花呢?比平时贵好几倍啊!"

"他从来都没为我夹过菜,他心里只有他自己。"

"为什么要夹菜?那多不卫生啊?"

"过夫妻生活时,我一直希望太太能主动点,哪怕只有一次也好,可是,她一次都不肯。"

"这事哪有女方主动的呢?"

在做夫妻的咨询个案中,我经常听到这样的对话。

亲密关系中的伤害和冲突,除了前面谈过的应对姿态、感受和观点层面没有产生连接之外,还有很大一部分原因来自彼此的需求没有被看见或者没有被满足。

当一个人的需求没被满足时,在感受层面就会感到失望。失望的时候,不同应对姿态的人会有不同的行为:

习惯于指责的人会指责、攻击,甚至出现暴力行为;

习惯于讨好的人会压抑自己的情绪,这股被压抑的能量往往会在另一个人身上爆发;

习惯于超理智的人会隔离自己的不良感受,表现为讲一堆大道理,进而演变成观点层面的冲突;

习惯于打岔的人会转移注意力,把精力投注在另一个人身上,或者投入到某些爱好上,以某种着迷的方式避免自己感受那些不愉快的感觉。

不管是哪种应对姿态下的反应,未满足的需求都会造成亲密关系的疏远、破裂。

那怎么办呢？我们又不是超人，怎么能完全满足伴侣的需求呢？如果有些需求无法满足时，该怎么办？

亲密关系：你的不满是因为需要还是想要

在亲密关系中，如果总是出现抱怨、指责、攻击这些行为，通常是其中一方需求得不到满足的外在表现。当需求得不到满足时，人们通常会抱怨；当抱怨依然没有效果时，就会指责；当指责引发对方的反击时，为了保持自己的地位，指责往往会演变成攻击；攻击的结果当然是两败俱伤；当某一方因伤口无法愈合而感到绝望时，婚姻就破裂了。

很多人以为，自己的需求之所以得不到满足，是因为自己运气不好，找了一个不懂得爱的伴侣，幻想着如果换个伴侣，婚姻就会幸福。可是，我看到的事实并非如此，我在过去二十多年的婚姻咨询经验中发现，当一个人带着未被满足的需求离开原配偶后，如果他没有学习成长，也没有经高人点拨，依旧带着原有的需求去寻找新的伴侣。当新伴侣满足不了他的需求时，又开始新一轮的抱怨、指责、攻击，原有的模式再一次轮回。

因此，带着未满足的需求去寻找伴侣来满足自己是危险的。为什么这样说呢？孔子说："食色，性也。"有需求是人之常情，难道有需求有错吗？有需求当然没有错，但需求中包含了"需要"和"想要"两部分内容，如果不能分清这两者，对这两者保持觉察，那些未满足的需求就会破坏亲密关系。

那什么是"需要"？什么是"想要"呢？在讲述"冰山原理"的时候，我简单地讲到了这两者之间的区别。在这里，我再深入地跟大家分析下这两个概念。

需要

"需要"是内置在我们基因里的,它是我们生命的"粮食"、能量的来源,是人类为了生存而产生的一种共有的需求。它就像水之于鱼,雨露之于花草,阳光之于大地,是一个人赖以生存不可或缺的本能。

人类通常有哪些必需的共性需要呢?心理学家马斯洛把人的需要分为生理、安全、社交和归属、尊重以及自我实现五个层次。

第一层次:生理需要——食色,性也。

饿了要吃,困了要睡,这就是生理需要。性也是生理需要的一种,所以,孔圣人讲"食色,性也"。生理需要是人类维持自身生存的最基本需要。

第二层次:安全需要——减少对未来的恐惧与焦虑。

衣食住行等基本生理需要得到满足后,你就会开始追求安全需要。所以,安全需要比生理需要较高一级,它不仅仅着眼于当下,还会考虑明天、后天、大后天,是人类为了减少对未来的恐惧和焦虑而追求的一种需要。比如说,尽管今天的你温饱不愁,但你还会未雨绸缪,为了保障明天的生活而努力奋斗。这是人类区别于动物的一个特征。

第三层次:社交和归属需要——连接、归属、支持、依赖。

每个人都不是一座孤岛,无法做到与世隔绝。而社会就像一个大家庭,我们身处其中,总会与他人之间有着这样或那样的联系。所以,我们需要与他人建立亲密关系,比如朋友、家人、同事,然后在相处中找到归属感,在被他人需要中找到自我价值,在他人的关心、帮助中得到爱与幸福。

从进化心理学的角度来看,社交和归属需要的根源其实是为了确保更大的生存机会。在远古时代,丛林危机四伏,是一个人的生存概率高,还是一群人的生存概率高?答案很明显,一群人。

第四层次:认可尊重需求——独立、被看见、被接纳、被爱。

一个人为什么需要被尊重?我们还是从进化心理学的角度来看,在危险的原始丛林里,如果前方有一只老虎正虎视眈眈地盯着你,即使你周围有一群人,你的危险系数依旧非常高。但是,如果你是人群中备受尊重的那个人,老虎来了,自然有人保护你,你虎口逃生的机会就大多了。这是一个人需要获得别人尊重和认可的更深层次原因。

第五层次:自我实现需要——自我价值的体现。

什么叫"自我实现的需要"?我们先来看一个小故事,这个故事我在很多场合都讲过。

米尔顿·艾瑞克森是美国著名心理治疗师。一次,他到美国中南部的一个小城讲学,一位同伴希望他顺道看看自己独身的姑母。

同伴说:"我的姑母独自居住在一间老屋,无亲无故,她患有重度的抑郁症,人又死板,不肯改变生活方式,你看有没有办法令她改变?"

艾瑞克森到同伴的姑母家去探访,发觉这位女士比形容的更为孤单,把自己关在暗沉沉的百年老屋里,周围找不到一丝生气。

艾瑞克森请老人家带他参观一下她的房子。他真的想参观老屋吗?当然不是,他是在找一样东西,一样有生命气息的东西。终于,在一间房间的窗台上,他找到几盆小小的非洲紫罗兰——这屋内唯一有活力的植物。

姑母说:"我没有事做,就是喜欢打理这几盆小花。"埃瑞克森说:"好极了!你的花这么美丽,一定会给很多人带来快乐。如果你的邻居、朋友在他们特别的日子里能收到这么漂亮的礼物,他们该有多高兴啊!"

从此之后,她开始大量种植非洲紫罗兰,城内几乎每个人都收到过她的礼物。与此同时,她的生活也大有改观,一度孤独无依的姑母变成了市里最受欢迎的人。

在她逝世时,当地报纸头条报道称:全市痛失一位"非洲紫罗兰皇后"。几乎全城人都去为她送丧,以感谢她生前的慷慨。

为什么艾瑞克森的一次探访和对话,就能改变同伴姑母的下半生的生活呢?因为他激发了老太太内在很重要的一个动力——我们能够为别人去做点什么。那为什么帮助别人的同时反而会收获快乐和满足呢?其实,这跟吃饭、做爱是一样的原理,都是人类进化的过程中,基因里内置的一个程序使然。因为有饭吃,你的生命才得以继续;因为有爱,人类才得以延续。所以,食物能带给人满足感,爱能带给人愉悦感。同样的道理,为了把人类的潜能激发出来,基因内置的程序会让你在帮助别人、奉献自己的时候体验到快乐和满足,这就叫自我实现。

"自我实现的需要",就是一个人被别人需要,能够为社会创造价值的需要,是马斯洛需求理论的最高层次。

上面五个层次的需求是马斯洛的需求模型,当然,你也可以发展出属于你自己的需求模型。但是,你要把握住的原则是:需要,是人类共性的需求。你会有需要,你的伴侣同样也有需要的东西。

想要

"想要"是什么?"想要"是个性化的需求,是在成长过程中,我们的大脑受到文化、广告、文化程度,或者是朋友价值观的影响所形成的个性化需求,它是我们想象出来的乌托邦类的需求。没有它,我们的生存不会受影响;但是拥有了它,我们就会感到短暂的满足。

每个人想要的东西是完全不一样的,因为这跟他的价值观和信念有关,是主观的。所以,"想要"是一种因人而异的、后天形成的,是每个个体独有的,是为了满足自己内心的某些缺失而想象出来的。

比如,前文中那位非要老公在生日那天买个蛋糕的女士,她对蛋糕独特的需求就是"想要"。

"需要"不是问题,"想要"才是问题

人活在这个世界上,总是需要外界和他人提供给我们生存所需的粮食、营养、关爱与安慰。在亲密关系中,如果你觉察到自己或者是对方有需求未得到满足时,你该如何处理?

努力去满足伴侣的需要

不管是生理层面的需要还是心理层面的需要，都是一个人的正常需要。所以，爱一个人，我们就有责任和义务去努力为自己的爱人提供物质和精神层面的粮食，让我们的所爱能过上好的生活。

1.在生理层面上，尽自己的能力让爱人拥有富足的生活条件，吃好、穿好、住好，这是生而为人的基本需要。同时，性需求也是一个人的基本需求，我们要努力锻炼身体，让自己的爱人能在性生活上有高品质的享受。

2.安全需要也是一个人的生活必需。当一个人缺乏安全感时，会产生焦虑情绪，无法活在当下。所以，爱一个人，就要有能力为对方提供足够的保障。比如，有足够的能力养家糊口，有一定的积蓄以应对生活的变化，有足够的保险以防人生的风险等。

3.社交层次的需要是很多人会忽略的需要。我曾接过一个抑郁症的个案，案主是一位衣食无忧的富太太，她老公是一位成功商人。家里请了保姆，她不用辛苦工作，不用操持家务，也不用整日为孩子操心，每天只负责貌美如花。如此养尊处优的生活为什么会得抑郁症呢？原来她先生是一个依然保留着传统观念的保守男人，他不允许太太外出交朋友，特别是男性朋友。先生事业成功，工作繁忙，太太只好在家独守空房，长此以往，不说是人了，就算是一条狗，整天被关在家里，没有玩伴，没有自己的社交圈，也会抑郁。所以，不要以爱之名剥夺伴侣的社交需要。

4.尊重是一个人幸福快乐的源泉，如果你希望你的伴侣开心快乐，那你必须让他感受到被尊重。这个层次的需求我们在下一节"渴望层面的连接：爱是唯一正确的答案"中还会详细阐述。

5.自我实现层面的需要是一个人的高层次需要。奥地利心理学家阿尔弗雷德·阿德勒认为，能够让一个人超越自卑就是一个人的价值感。当一个人感受到自己有价值时，他才会有力量超越自己。自我实现是身份层面的需要，我们在"我是：改写婚姻剧本"那一节会进一步讲解。

别错把需求当成爱

当然，生而为人，是人总有无能为力的地方，所以，不管你能力有多强，你总有无法满足爱人需要的时候。一般而言，对于伴侣无法满足的需要，绝大多数人都会谅解、包容和接纳。但有些需求，并不是一个人的能力问题导致无法满足，就像前面故事中的那位女士，她希望在生日时老公能给她买个蛋糕，她老公是绝对有能力满足她的这个需求的，这些有能力满足但由于某种原因不愿意满足的需求通常就是"想要"，所以，**在夫妻矛盾中，"需要"不是问题，"想要"才是问题。**

由"想要"引发的婚姻中最严重的问题就是错把需求当成爱。

什么叫错把需求当成爱？

还记得本书一开始讲述的那七个"爱情"故事吗？

故事一中的王七，之所以会对一丝不苟的李一着迷，因为他有一位同样一丝不苟的妈妈；

故事二中的可柔会被有暴力倾向的先生吸引，因为她的童年饱受父亲暴力之苦；

故事三中的雪儿会迷恋傲天的鞭策，因为她有一位同样鞭策着她长大的父亲；

故事四中的依依会嫁给一位控制狂人，因为她需要一位控制狂人给到自己安全的保护；

故事五中情绪化的晴儿，需要有一位情绪稳定的伴侣，所以，她如愿以偿地找到了像木头一样的林木；

故事六中圣母般的马丽，为了维护她那圣母的形象，她需要身边有人被她照顾，所以，拯救渣男成了她前半生的宿命；

故事七中认为自己只有"小三"命的胡丽晶，之所以会一次次爱上那些有妇之夫，是因为她有被需要的需要……

这样的故事我可以写上好几部长篇小说，表面上看他们的故事各不相同，但他们的不幸都有一个共同的特点，就是错把需求当成爱。

当你肚子饿的时候，你需要食物，这个时候，食物对你就会充满吸引力。同样，当你内心有一个未被满足的心理需求时，那些能满足你心理需求的人也会对你充满吸引力，就像食物对你的吸引力一样，你渴望得到他，渴望跟他在一起。可是，这种感觉并不是爱，仅仅是需求而已。一旦你错以为这就是爱的话，你就会像前面七个故事中的主角那样，等着你的并不是幸福的婚姻，而是无尽的痛苦。

为什么错把需求当成爱的婚姻是不幸的？能找到一个刚好满足自己需求的人相伴一生不是一件很幸福的事情吗？

这个问题我们在本书一开始就讨论过，我们再来深入讨论一下。

先不说"想要"，就算两个人是因为"需要"而结合的，婚姻也很难幸福。

我们先从人类最基本的需要——"情欲"的需要开始。

马斯洛在需求层次理论中，把生理需求放在最底层，这是人类的最基本需求，而情欲是众多生理需求中最容易促成婚姻的一种需求。

情欲是所有动物都会有的一种欲望，是爬行脑的反应，也是一种异性吸引的反应，是交配的欲望，是身体的享受。动物为了繁衍后代，激励交配，进化的过程中在基因里内置了一种程序，让其在与异性交配中产生快感，以此激励动物交配并繁衍后代。所以，对一个身心健康的人来说，情欲的需求需要被满足。

情欲本身没有问题，但是，如果仅仅是因为情欲而结合就会产生问题，因为情欲会产生控制，会产生依赖或拥有权。而且，因为人类贪图新鲜的本性，情欲过后就会产生厌倦感。更重要的是，动物性的情欲主要是为了交配和繁衍后代，所以，情欲没有忠诚可言，因情欲而结合的夫妻，出轨是不可避免的。

除情欲之外，还有一种常见的需求是安全感。

安全感就是渴望稳定安全的心理需要，是指人们从恐惧与焦虑中解脱出来后获得的信心、安全和自由的感觉。安全感是对可能出现的对身体或心理的危险和风险的预感，以及个体在应对处事时的有力、无力感，主要表现为确定感和可控感。

在生理需求之上就是安全需求。生理和安全，这是人类的最基本需求。所以，除了情欲之外，很多婚姻是因为对方能给自己提供安全的生存条件而结合的，这种需求在女性择偶时更加明显一点。就像曾经有位网红说的那样"宁可在宝马车上哭，也不在自行车上笑"，这句话代表了部分人的心态。所以，在择偶时，如果是因为房子、车子、票子等能给自己带来安全感的东西而结合的婚姻，其后果很可能就是在这个安全的牢笼里哭。

至于马斯洛需求层次中的其他需求，在这里就不一一列举了，其原理都是一样的。

就算这些需要是必需的，我们也无法一一满足，更不用说"想要"的部分了。"想要"是独特的，跟一个人成长的背景有关，更多的是在潜意识层面的，这些需求很多时候连自己都说不清楚。连自己都不清楚的需求，我们怎能要求一个跟自己性别不同、出身不同、成长背景不同、所受教育不同的人来满足自己呢？

因此，只要你是带着需求去寻找一个能满足你需求的人结婚，那你面对的结果基本上都是一样的，你会经历以下几个阶段的循环：

1. 失望期：当你内心有一个未被满足的需求时，内心仿佛有一个无底洞，就像一个饥饿的人一样，焦点和注意力都在寻找能满足自己需求的东西。当伴侣无法满足你那颗匮乏的心，当期望得不到满足时，失望情绪就会自然产生。这时，关系从正面、积极开始向负面、消极转变。

2. 抱怨期：当失望积累到一定程度时，心里就会生起抱怨。不同应对姿态的人表现抱怨的方式会不一样，指责的人会指责甚至攻击伴侣；讨好的人会压抑自己的情绪，牺牲自己，让自己变得闷闷不乐；超理智的人会讲大道理，试图说服对方改变；打岔的人会转移注意力，另寻新欢。新欢有可能是人，也有可能是物。

3. 相互伤害期：不管是哪种应对方式，都会给伴侣带来伤害，受伤的一方自然会用自己的方式进行反击。反击一旦开始，就变成了互相伤害。

4. 破裂期：当双方或者其中一方感到受伤太深，达到了无法忍受的程度时，关系就完全破裂了。一段本来相互吸引的关系最终以相互伤害而结束。

5.报复期：一般来说，两个人的关系进入破裂期，关系也就结束了，但有少部分自我价值感较低的人会进入报复期。在这个阶段，因为内心的恨无法消解，于是会采取某些行动去报复对方，其内心的声音是："你让我不好过，你也别想好过"。当然，报复者也没有什么好结果。这是关系中最糟糕的结局——两败俱伤，玉石俱焚。

6.进入下一个循环：双方分开后，如果你没有对过往这段关系有所觉察，依然带着自己的需求去寻找下一个对象，你还会掉入同一个"怪圈"，重新经历一次从需求、失望、抱怨、相互伤害、破裂到报复的轮回。不同的是，这一次只是换了一个对象而已。

因此，错把需求当成爱的关系是找不到幸福的，因为，当你带着需求去要求伴侣时，你其实是在索取。一段相互索取的关系又怎能幸福呢？

面对未满足的需求，我们需要彼此顾念

那面对双方皆未满足的需求，我们该怎么办呢？

还记得本章开始时林文采博士那位学生的故事吗？

太太想在过生日的时候，老公能为自己买个蛋糕，可先生就是不愿意，还差点因为一个小小的蛋糕而离婚。林老师的解决方案是什么呢？就是彼此顾念。

"彼此顾念"的意思就是，既然对方想要，对我来说又不会太难，我又爱着对方，那我为什么不为对方做呢？

我跟我太太也有类似的例子。我太太是一个很会照顾人的人，吃饭的时候，她经常会把她喜欢的菜夹给我。她也希望我跟她一样，能把自己喜欢的菜夹到她的碗里。可是，曾经的我也跟那位先生一样，固执地认为没这个必要，心里想：自己夹自己喜欢吃的菜不是更好吗？而且，

为别人夹菜，那多不卫生啊？因为这件小事，我俩没少吵架，搞到大家都不开心。

自从听完林老师讲的这个故事，我突然灵光一闪清醒过来，也看到了自己的固执。

"看见"是改变的开始，自此之后，我开始懂得这件事对我太太来说有多重要。当我开始也会为她夹菜后，我发现，我们的关系又亲密了许多。

在婚姻关系里，彼此顾念才能互相滋养

人们总是不敢表达自己的需求，尤其是对那些习惯用反依赖方式进行防卫的人来说。

依赖与反依赖是人的两种常见的防卫机制，这个我们在"感受层面的连接：你不表达情绪，就会带着情绪表达"那一节已经详细讲解过了。

在这里，我们再深入了解这两种类型的需求。

依赖型的人相信生命中最大的满足来源于关系，如果没有爱，就像人没有空气、没有食物，鱼没有水一样。依赖型的人需要接触，身体上的接触、精神上的接触、深层次的接触，所以，他们总想靠近对方，越靠近越好。

对依赖型的人来说，接触就是他们的精神食粮。如果没人可依赖，他们就会像无根的浮萍一样无依无靠，活得抑郁、空虚又寂寞。所以，依赖型的人在关系中渴望有更多的连接，希望跟自己的伴侣有更深入的亲密关系，享受两人世界，绝不希望别人介入。

为什么会这样呢？因为他们在童年时通常有被遗弃的经历，他们自卑、缺乏安全感，因此，长大后的他们在感情里常常患得患失，特别害怕被遗弃的感觉，哪怕是小小的分离，对他们来说，都是痛苦的经历。

为了不被遗弃，依赖型的人通常会用讨好的方式对待自己的伴侣，他们常常会压抑自己的需求，尽量去满足别人的需求。但是，一旦他们的付出没有得到关注或者是肯定，内心就会生出很多抱怨。由于自卑的缘故，他们不敢表达自己的需求；当伴侣无法满足自己的需求时，他们又满腹委屈。当然，他们不会承认自己是因为自卑而不敢表达的，他们会给自己的不表达一个合理化的理由：要我说了你才做，那还有什么意思呢？

其实，你不说才真的没意思，要知道，你不表达，别人又怎么会知道呢？

反依赖型则刚好相反。他们通常是因为在小时候受到过某种伤害，对身边的重要他人感到深深的失望，觉得他们靠不住，于是，自小便养成了凡事靠自己的性格。长大后的他们表现为需要自由，需要空间，不敢与人太过亲密。一旦关系过于亲密，感情过于浓烈，他们就会本能地逃离。

其实，反依赖型的人并不是不需要亲密，而是不敢亲密，因为他们曾经被亲人所伤，或者对亲人失望透顶。所以，他们需要关系，却又担心被关系困住，对他们来说，关系就像一座美好的监狱。

为了不被关系所束缚，反依赖型的人常常会将自己的需求隐藏起来，他们觉得如果太亲密，自己就会消失。这对他们来说是一种很深的恐惧。

而依赖型的人恰恰相反，他们清楚明白地知道自己的需求，而且他们中的大部分人都会表达自己的需求。所以，对反依赖型的人来说，依赖型的人对亲密的需求就像扑面而来的海啸一样，会将自己淹没，让自己感到窒息和恐惧。

在应对姿态上，依赖型的人通常表现为讨好，而反依赖型的人往往表现为指责、超理智和打岔。

说到这里，大家不难看出，**依赖的背后，是害怕被抛弃。而反依赖的背后，是害怕被入侵、被吞没。**依赖型和反依赖型的人看起来是那么的不合适，但奇怪的是，你很少会看到依赖型的人和另一个依赖型的人结婚，同样，反依赖的也不会找反依赖的。但依赖型和反依赖型这两类人总是彼此吸引，偏偏更容易看对眼。一旦一个依赖型的人跟一个反依赖型的人结合了，他们之间就总上演着一方追逐、一方逃离的"游戏"，一方越是想拉近彼此的关系，另一方逃得就越远。

如果你的伴侣是依赖型的，那彼此顾念的意思就是尽量满足他想与你靠近的需求。如果你不满足他，他就会感觉到被抛弃，进而陷入到无尽的痛苦之中。如果你真的爱他，为什么又要让他痛苦呢？何况，允许他靠近你一点，这对你来说又不是太难的事。

如果你的伴侣是反依赖型的，在他的创伤没被疗愈之前，请你给他点空间，因为他的内心曾经被亲密关系伤害过，太过亲密只会让他感到恐惧。

除了依赖型和反依赖型这两种人，对于不同应对姿态的人，你也可以采用更具体的彼此顾念方式。

面对指责型应对姿态的人，你要知道，指责的背后一定有一份未满足的需求。这就像一只浑身长满刺的刺猬，扎人的外壳只是伪装，内心却渴望温暖和被爱。和这样的人相处时，你要透过他指责你的手，去看看他有什么没被满足的需求。

比如，当伴侣指责你"老公，你都不爱我"时，你不要去和她对抗"我怎么不爱你了，我明明很爱你啊"，而要看到她指责背后的需求——希望获得你的爱。你不如当即就对她说："我现在就好好爱你，来，亲爱的，抱抱你。"

比如，当伴侣指责你"你又迟到"时，你如果回怼说"堵车啊，我又不是故意的"，那你俩肯定会吵起来。但是，如果你能洞察到他内心的期待是"你可以早点来吗"，并回复她说"好，我下次一定早点来"，那她还有什么好指责的呢？

面对超理智型应对姿态的人，你要知道，他们满嘴的大道理，其实也是在表达一种需求，他需要你听见他的道理，同时，他也渴望被看见。所以,当他们对你滔滔不绝地讲大道理时,你只需这样回应他:"哦,原来你是这样想的。我明白了。""这个观点好特别,很有创意。"……当你这样说的时候,你并没有同意他,也没有和他争辩,所以,你既不会挑起"战争",也不会委屈自己。

面对打岔型应对姿态的人,你要知道,他们看起来没有任何需求,其实,他只是不敢表达需求而已。当他还是孩童的时候,他的需求完全得不到及时的回应和满足,所以长大后的他什么都不敢奢求,把自己的需求深深地隐藏起来,装作活得很潇洒、很乐观,什么都不需要。如果他是你的伴侣,你千万别绑住他。你越想绑住他,他就会越挣扎,越痛苦。

在一段亲密关系中,彼此都需要做到相互看见,读懂自己、伴侣的应对姿态和观点背后隐藏着的需求,然后互相满足,相互尊重。

彼此顾念的方式:用对方需要的方式去爱他

在需求层面,只要不错把需求当成爱,双方能在需求层面彼此顾念,关系就会越来越亲密。我在前面讲到的苹果和香蕉的段子,其实是一种典型的需求错位的现象—— 一方倾尽所有地付出,却并不是对方真正需要的和希望得到的。所以,对亲密关系来说,光有爱是不够的,还需要有智慧。

怎样才能爱得更有智慧呢?分享一个简单的,也是大家需要掌握的方法,就是爱的五种语言。

《爱的五种语言》是美国婚姻家庭专家盖瑞·查普曼博士写的一本书,他把人们表达爱和接收爱的方式分成如下五种:

第一种,肯定的语言。

习惯于用这种语言表达的人,喜欢通过肯定的言语来赞美、激励对方,使对方感受到爱意,同时,他也希望在一段关系中获得认可和尊重。我们把这种人称为听觉型的人。

团长就属于这种人，我现在情感比较外露、喜欢表达，经常跟太太表达爱意和赞美："亲爱的，我爱你。""亲爱的，这件衣服衬得你真美。""亲爱的，今天晚上你做的饭菜太好吃了。"……我内心里其实也很希望听到我太太对我说上一句："老公，你真好，我爱你。你是我心目中的男神。"

遗憾的是，我太太并不喜欢通过语言来表达爱，比起花哨的语言，她更喜欢实在的表达。

第二种，通过行动或者服务。

这是我太太经常用的爱的语言，她习惯于通过生活中的服务和点点滴滴的付出来表达爱。对她来说，爱就是心甘情愿地付出。

但我是一个反依赖型的人，从小就非常独立，从来不喜欢麻烦别人，也不喜欢别人帮我做一些事。所以，以前的我经常跟我太太发生争执，尤其是吃自助餐的时候，我太太总是很体贴地帮我装一大盘菜放到我面前。每当这个时候，我都感到很纠结、难受——不吃完，我有罪恶感；但是吃完的话，有些菜确实不是我喜欢的。而我呢，经常被我太太抱怨说："吃自助餐的时候，也不帮我拿点吃的。"

其实，这就是语言的匹配问题了——我太太表达爱的方式是付出，而我表达爱的方式是说出来。

所以，每个人表达爱的方式、用的爱的语言各不相同。如果你想让你的伴侣感觉到你传达的爱，那你就必须以他（她）常用的爱的语言来表达。

第三种，礼物。

礼物意味着用心和爱，意味着兴奋与惊喜。很多人希望通过礼物来确定自己是被爱的，也喜欢在重要的节日通过交换礼物来表达爱。

大部分时候，礼物确实是一段关系的黏合剂，但前提是，对方喜欢你的这种爱的语言；如果对方不喜欢，那你挖空心思准备的礼物，可能还不如你亲自下厨做的一顿烛光晚餐。我太太就不太喜欢这种爱的语言。每次我精心准备了一份礼物送给她，结果换来的是她的吐槽："太浪费钱了，还占地方，不喜欢。"

第四种，身体的接触。

情侣之间牵手、拥抱、亲吻、肌肤相亲等，这些都是身体的接触。喜欢通过身体的接触来表达爱的人，我们称为"体感型人"。我就是这种人，对我而言，拥抱亲吻、牵手凝视、肌肤相触等，这些都充满了暖暖的爱意，是幸福的味道。但我太太就不怎么喜欢，如果我在公众场合去牵她的手，她就会抗拒地甩开。

对于渴望身体接触的人来说，一个温柔的拥抱要比赞美、礼物更能表达爱。

第五种，高品质的相处时光。

有这样一句话：世界上最遥远的距离，不是我爱你，你却不知道我爱你；而是我就在你面前，你却在玩手机。你玩你的手机，我追我的剧，两个人同处一室却相对无言，这不叫高品质的相处时光，因为你们彼此的注意力都不在对方身上。

只有当你们放下手机、暂停电视，彼此都把全部的注意力投注到对方身上，一起去经历一些事，比如，你说着心事，她用心听着你的心事；比如，你们俩放下一切去共赴一场美丽的约会；再比如，选择一处浪漫之地共度两个人的美好时光等，这些都属于高品质的相处时光，因为有爱的自如流动。

以上就是爱的五种语言。其实，爱不仅仅五种语言，它有很多另类的、个性化的表达，是因人而异的。如果你表达爱的语言和伴侣的不同，那么，无论你多么努力地去表达爱，对方也很难感受到你的爱。同样地，能让你感受到被爱的语言，不一定会让别人也产生被爱的感觉。这就是为什么在亲密关系里，经常有人会有这样的疑问："我这么爱他，为什么他总是感觉我不够爱他。"不是你不够爱他，只是你们表达爱的方式、感受到被爱的方式不同而已。

人们的需求各不相同，爱的语言也不同。要有效地表达爱，让对方感知到你的爱，两个人就必须互相迁就，用对方能领会爱的语言。这就是林文采老师说的"彼此顾念"——如果我知道你需要什么，虽然我不需要，但是为了你，我愿意去做。

在一段亲密关系中，如果你坦诚地告诉你的伴侣，你希望对方用哪种爱的语言来表达，我相信，你的婚姻关系应该很和谐。因为婚姻里的大多数抱怨其实是因为你的老公给你买了一车苹果，但是你要的是香蕉。如果你不告诉你老公，你真正想要的是香蕉，那他可能一辈子都不会买香蕉。

本章小功课

如果你希望你们的关系变得更加亲密,请双方一起完成下面的功课:

1. 跟你的伴侣坦诚地讨论一下你们的关系,看看是因为爱而走到一起的,还是错把需求当成了爱。

2. 列出自己的需求清单,跟伴侣分享,让伴侣知道你的需求,并分清哪些是"需要",哪些是"想要"。

3. 跟你的伴侣讨论五种爱的语言,让你的伴侣知道你需要用哪种语言表达爱。

4. 双方彼此顾念,对于那些伴侣需要的,自己又能做的事情,尽量带着爱意去做。对于那些超过自己能力的需求,坦诚告诉对方你暂时做不到,请求对方接纳你的无能为力。

你们原本是各自独立的两个灵魂,因为彼此需要,两个灵魂才有了交集。但"需要"可以拉近两个人之间的关系,也可以毁了一段亲密关系。是拉近还是毁灭,关键在于,你是否真正理解"需求"的概念,是否能妥善处理好需要和被需要之间的关系。而这,决定着一段亲密关系的质量和温度。

当然,仅仅是彼此顾念地满足对方的需求是不够的,因为是人总有无能为力的时候,有些需求是无法满足的。当你无法满足伴侣需求时,该怎么办?请看下一章"渴望层面的连接:爱是唯一正确的答案"。

渴望层面的连接：爱是唯一正确的答案

上一章我们讲到，要拥有美好的亲密关系，夫妻双方需要彼此顾念，尽量满足对方的需求。但是，有些需求我们是无法满足的，当对方的需求得不到满足时，我们该怎么办呢？

我们通过一个案例来探索解决方案。

二十多年前，那时的团长喜欢周游世界，所以，我开发了一项游学的业务，组织民营企业老板到国外考察学习，走进世界500强企业，直接向最成功的企业学习经营管理。

那个年代，很多珠三角的企业老板都没有出过国，第一次出国，难免有些不适应的地方，比如饮食习惯。我们都知道，西式早餐基本上以冷餐为主，而广东人喜欢热气腾腾的食物，所以，在吃早餐时，我遇到了一个很尴尬的情况——有客人向我提出一个我无法满足的要求：

"团长，西式早餐我吃不惯，能不能帮我弄碗白粥来？"

白粥，看起来是一个简单得不能再简单的要求，可是，远在欧美国家，我到哪里帮他找一碗白粥啊？

当然，这里需要说明的是，现在我们出国的人多了，大多数接待游客的酒店都会有白粥供应，但当时我们所住的酒店都是豪华酒店，那时候出国旅游的中国人也不多，所以，酒店是没有白粥供应的。

如果你遇到这种情况该怎么办呢？

我想大多数读者都会跟客人解释，说这是国外，没有白粥，尝试说服客人吃西式早餐。我当时也是这样做的，但效果通常不好，遇到一些脾气不好的会骂我："你有没有搞错啊？这么小的要求你都做不到，还说什么豪华团，白粥都没有得喝，以后都不跟你玩了！"

为什么这样做没有效果呢？因为这是回到观点层面解决需求层面的问题。在"冰山原理"中，用浅层的方法是无法解决深层问题的，要解决需求层次的问题，只有到更深一层去解决，而"需求"的更深一个层面是"渴望"。

我们在"冰山原理：冰山下的自己和海面上的他人"那一节已经讲过，渴望是精神层次的需求。

人都渴望被爱、被尊重、被接纳、被欣赏、被肯定、被理解，所以，当你无法满足一个人的具体需求时，可以尝试满足他的渴望。

以前面的案例为例，我无法满足客户对"白粥"的需求，那我可以怎么做呢？

请你想象一下你就是那个客户，当你向我提出白粥的要求时，我不是跟你解释或者找理由说服你吃别的早餐，而是找来服务员，跟他提出为你专门煮一碗白粥的要求。当服务员拒绝我的要求时，我没有放弃，继续找来经理，为你争取喝白粥的权利，尽可能地满足你的要求。这个时候你感觉如何？你会怎么做？

我相信绝大多数人看着我为你争取白粥时，都会感觉自己备受尊重。同时，看到我努力没有结果时，反而会安慰我："算了算了，团长。不用再努力了，我吃点别的也可以的。"

为什么客户会放弃他对白粥的需求呢？因为我满足了他的渴望，也就是他被尊重的精神需要。所以在婚姻关系中，当你无法满足伴侣的某些具体需求时，可以满足他的渴望。

每个人的心里都有个情感账户，就像你在银行里有个账号一样。你在银行的账号里存的是钱，而情感账户里存的是爱、欣赏、接纳、关怀、肯定、尊重、赞美等精神食粮，情感账户里装的这些东西就是渴望。

"渴望"与"需求"息息相关，渴望得不到满足时，需求就会多；

当渴望被满足时，需求就少。一个在渴望层次匮乏的人，就像内心有一个无底洞，就算你是个大富豪，穷尽各种方法也填不满对方那些千奇百怪的需求。

一个人永远给不了别人自己没有的东西

面对伴侣或者自己那些无法满足的需求，该怎么办呢？如何才能建立幸福的亲密关系？爱才是唯一的答案！

什么是爱？我们在"亲密"部分已详细讲述过了。

爱不是要求对方满足自己的需求，而是想为对方做点什么，让对方变得更好的那种感觉。

爱是深深的感动与喜爱，爱是忠诚的，是愿意为对方牺牲的，是心甘情愿满足对方的需求的。

爱是付出而不是索取，有爱就有信心，有安全感；有爱就会让关系得到滋养。因真爱而结合的婚姻，才是幸福的！

那为什么有些人能长久地爱上一个人，而大多数人却只会在婚姻中不断索取呢？

这跟我们内心是匮乏还是富足有关。举个不太恰当的例子：

比如我讲课讲了近一个小时，我感到口渴，需要一杯水解渴，水就是"需要"。可是，当我口渴的时候，大脑里冒出的并不是水，而是茶或者是果汁。那么茶或者果汁就是我的"想要"。

那什么才叫爱呢？所谓爱，就是当我口渴了，我喝了一杯水之后，我不再口渴了。这个时候，我觉察到身边的你也许有跟我一样的需要。于是，我由内而外地生起慈悲心，去心甘情愿地为你倒一杯水，送到你的面前，这叫做"爱"。所谓"仁者爱人"，当一个人能够推己及人，能觉察到他人的需求，并愿意为他人做些力所能及的事情时，我们就会说这个人充满了爱。

所以，爱，是内心富足后的自然反应。一个内心匮乏的人，心里是生不出爱的。

请你试想一下，当你的伴侣总是在要求你付出，不断向你索取的时候，你的感觉如何？这种总是被别人索取的感觉怎么可能会好呢？当需求得不到满足时，你就会感觉到失望、沮丧，甚至觉得眼前这个人并不是自己想找的人，随之而来的是互相攻击、互相抱怨。这就是错把需求当成爱的婚姻的大多数结局。

只有因爱而结合的婚姻才能够互相扶持、互相成就、互相包容。

所以，爱才是唯一的答案。可现实是，大多数的婚姻并不是因为爱而结合的，而是因为双方的需求，这样的婚姻怎么办呢？难道就只能坐等关系的破裂吗？

当然不是！因为，心理学有解决方案。

为什么有的人总是向别人索取？而有那么少量的人，他们能真正地去爱呢？

道理很简单，精神跟肉体一样，都是需要粮食的。

我在前面讲到了，一个人的身体要想健康成长，需要蛋白质、淀粉、糖、脂肪、微量元素等物质营养。同样，心灵的成长也需要精神的养分，这些精神的养分叫做"心理营养"，比如爱、肯定、欣赏、接纳等。可是很多时候，大多数人都是在不完美的原生家庭中长大的，从小心理营养就不足，于是长大后就成了一个内心匮乏的人。

内心匮乏的人跟肚子饥饿的人是一样的，他们的焦点都在寻找食物，唯一不一样的是，一个寻找物质的粮食，一个寻找精神的粮食。

这样的人是很难去爱的，因为，一个人永远给不了别人自己没有的东西。换句话来说，一个人曾经被怎样对待，他就会用同样的方式去对待他人——一个曾被粗暴对待过的人，他会用同样粗暴的方式对待这个世界；一个曾经被爱过的人，才有能力爱别人。

所以，那些童年没有得到过爱的人，是不会去爱别人的，这就是爱的秘密，也是怎样找回爱的答案。

对于不会爱、没有能力去爱的人，也就是那些在成长过程中心理营养缺乏的人来说，唯一的出路就是去疗愈自己童年的创伤，补回那些曾经缺失的爱。当你的爱不再匮乏时，你自然懂得爱你的伴侣。

那如何才能够疗愈童年的创伤，找回爱呢？

我先跟大家分享一下我的故事。我追我太太追了八年才成功，结婚之后，我以为我俩从此就能幸福地生活，然而并没有。婚后，我太太总是抱怨我像个木头，一点温度一丝感情没有，更谈不上爱了。

当时的我感到十分委屈，我为她做了那么多，她却说我不爱她，心里很无奈。而且，当她不断抱怨我的时候，我也感受不到她的爱，一段经过艰苦努力才好不容易走到一起的婚姻，却过得千疮百孔，满是伤痕。

一个偶然的机会，我走进了心理学的世界。当我上了神经语言程序学（Neuro-Linguistic Programming）、萨提亚专业课、催眠、完形疗法等心理学课程并在现实中活学活用之后，我太太给了我一个很高的评价，她说："老公，我发现你上完这些课程之后，终于像个鲜活的人了。"

为什么我上完这些课程之后不再是块"木头"，而开始像个人了呢？这就是课程的疗愈功能。

经由这一系列课程，我终于明白了，为什么我的亲密关系总是这也不顺那也不顺，根源就在我的原生家庭这里。我的母亲是个完美主义者，对我非常苛刻，家里处处都是规则。在我的童年记忆里，都是应该做什么，不应该做什么。而且，父母要忙于农活，根本没有时间照顾我，从小就把我寄放在村里的一位孤寡老太太家。在这样的成长背景下长大，我养成了独立、疏离的反依赖型人格。因为我从小都没有被细腻的感情滋养过，又怎么懂得去温暖别人呢？所以，我成了我太太眼中的"木头"。

接触心理学之后，我学会了如何自爱，懂得把向外伸的手收回来，开始懂得去自我肯定、自我欣赏。在导师的引导下，我看见了自己内在的那个脆弱的小孩，我学会了如何去呵护、关爱那个缺爱的孩子。

有人说，你今天流的泪，是当年你脑子进的水。如何才能放掉脑子里的这些水呢？答案就是让它变成眼泪流出来。

在一次次的疗愈课程中，一个从来不会哭的我，开始学会了流泪，从眼角的一点湿润到号啕大哭，这是一个非常不容易的过程，因为，在疗愈的过程中，你必须回到过去那些伤痛的经历，那一个个已经愈合的伤疤要重新撕裂开，那种痛彻心扉的感觉真不好受，但非常值得。

经过一次次疗愈之后，我的内心也开始变得细腻柔软，从那以后，我太太的抱怨少了，我跟我太太之间的关系也越来越好。这就是我疗愈自己之后收获的惊喜。

所以，什么叫"疗愈"？所谓疗愈就是把过去缺失的爱重新补回来。父母当年没有能力给你足够的爱，今天的你已经长大成人了，你不妨试着成为自己的"父母"，去重新关爱那个内在缺爱的小孩。当你把那曾经缺失的爱补充回来之后，你就有能力去爱别人了，因为，你的内心充满了爱。

与其外求，不如自修；与其等待别人来填补你内心缺失的爱，不如自给自足。如果小时候的你没能从父母那里获得充分的爱、接纳和认可。今天的你已经拥有了足够的能力，你的能力已经比你父母不知道高出了多少倍，这个时候的你，为什么还去抱怨父母，指责伴侣呢？父母当年给不到的，你今天完全可以自己给予自己，如果你连自己都不爱你自己，你还能指望谁来爱你？

当你能够好好爱自己的时候，你内在的创伤就开始得到了疗愈，你情感账户中的爱也慢慢地丰满起来。当你的爱丰盈到开始溢出来时，你就是爱本身，无论谁跟你在一起都会得到滋养。如果你能成为这样的人，你的伴侣还有什么好抱怨的呢？

读到这里，我相信聪明的你已经知道亲密关系的关键了，当你内心是匮乏的，你就会带着需求去寻找婚姻对象，而这实际上是一种索取，跟爱刚好是背道而驰的。

大多数问题婚姻，都是错把需求当成爱的结果。如果你的童年并不是很完美，拥有幸福婚姻的前提是，夫妻双方至少有一方愿意学习和成长，疗愈自己过去的创伤，重新找回那缺失的爱。当然，双方一起学习和成长会更好。

借假修真：提升支持力，修复亲密关系

冰冻三尺非一日之寒，亲密关系的疗愈也需要一个过程。在你找回爱之前，如果你还在意你们的关系，不妨先借假修真。

什么叫"借假修真"呢？心理学家曾经做过这样一个实验，他们建造了两间四面全是镜子的房间，当然，镜子十分坚固，不会被打破。然后把一只好斗的公猩猩与一只慈祥的母猩猩分别放进房间里。几个小时后，当工作人员打开公猩猩的房间时，发现这只公猩猩虽然十分疲惫，但依然在跟镜子里的自己战斗。而那只母猩猩呢？当工作人员把它从房间里放出来时，发现它的目光更加慈爱了，因为，她从镜中看到了另一个慈祥的自己。

各位读者，你们是否也会有同样的情况？当你遇到一个慈祥的人时，你也会变得慈祥；当你遇到一个好斗的人时，你也会变得好斗。

为什么会这样？原因很简单，在我们身体中有一种叫"镜像神经元"的神经系统，这种神经系统是高等动物在进化过程中发展出来帮助我们模仿学习的。同时，这种帮助我们学习的镜像机制会让我们产生与我们看见的对象相同的情绪状态。当人经历某种情绪或者看到别人表现出这种情绪时，他们脑岛中的镜像神经元都会活跃起来。换句话说就是，我们看见别人笑的时候，我们也会笑；看到别人悲伤时，我们也会悲伤。

同样，我们爱一个人时，他也同样会爱我们，这是高等动物在进化过程中内置在基因中的程序。在这种程序的作用下，爱变成了一种很神奇的东西，你付出爱之后，爱并不会减少，反而会增加，因为当你付出一份爱时，对方就会收获一份爱。他收获了一份爱，也会付出一份爱，这样，你们就拥有了两倍的爱。所以，当你去索取时，你们的爱会耗尽枯竭；当你真正去爱时，你们的爱会越来越浓，你们的关系也在付

出与收获的过程中建立了亲密的连接。

所以，只要有一方愿意，哪怕你的爱并不是由内心富足而产生的，而是刻意假装出来的，也会起到同样的效果。一开始，你的爱也许是假的，但对方镜像神经元收到的是真的，当他感受到爱时，他会同样回馈你真爱，这时，你的镜像神经元就会收到真爱，于是，在双方镜像神经元的作用下，你们的爱就会越来越真，越来越浓。这叫做"借假修真"，或者叫"以术入道"，也叫做"种子法则"。

为什么叫"种子法则"呢？

我们前面分享过一个心理学理论叫"ABC法则"，不知大家是否还记得？"ABC法则"说的就是，一个人内心的信念决定一个人的行动，而不同的行动会创造出不同的结果。通俗来说就是，你今天的结果就是你过去的行为创造的，而你过去做或者不做某件事情，取决于你内心的那个信念。反过来，你内心的信念会通过你的行为表现为你今天的生活。

根据这个原理，我们可以知道，"信念"与"行为"是相互影响的，当你内心有了某个信念，你就会产生某种行为；当你不断地重复某个行为时，你的内心也会跟着产生某个信念。

比如，一个内心富足的人，会乐于分享；一个不断去分享的人，他的内心也会越来越富足。因为，分享是富足的前提，在不断分享的过程中，内心会收到重复的暗示：我是富足的，所以我才会分享。因此越分享，越富足。

这个原理在社会上很常见，只要你留心，你会看到一个慷慨的人，他会变得富有；而一个吝啬的人，他会一生贫穷。为什么会这样呢？我们来看看他们的内在信念就一清二楚了。一个吝啬的人，他的内心是匮乏的，一个内心匮乏的人的内心想法一定是"我没有"，至少是"我不够"。而一个人的内在存在着什么想法，就会在外在创造成什么样的事实，这就是所谓的"存乎内，形于外"。因此，当你内在拥有一个贫穷的信念，不管你如何努力，你都依然是一个贫穷的人，就算真的赚到了一定的金钱，你的内心依旧是贫穷的，因为，你的内心总觉得不够，总想要向外索取。一个总是索取的人，身边的人会像躲瘟疫一样逃避你。这样的人，怎么可能富足呢？

那为什么一个慷慨的人越分享越富有呢？因为只有内心富足的人才会主动去分享，假设你什么都没有，那你即使想分享也不敢分享。所以，一个愿意分享的人，他内在的信念是"我是一个拥有的人"，就算他暂时看起来并没有拥有什么，但是他内心相信自己迟早会拥有，要不，他怎么会分享呢？一个内在相信拥有的人，自然就会通过行动让自己拥有得越来越多。

行为会在潜意识中种下一颗信念的种子，所谓"种子法则"，就是那些现在看起来微不足道的想法，但只要假以时日，一颗再微小的种子也会长成参天大树。

爱也是一样，"爱"与"爱的行为"就像鸡与蛋一样，有了鸡，就会有蛋；有了蛋，也会有鸡。

所以，当你的内心暂时还没有完全疗愈的时候，你不妨试试先从爱的行为开始。当你愿意去做一些爱的行为，你就在内心种下了爱的种子。

你若不爱你自己，你便无法来爱我

如果你想得到什么，你就先给出去，就像农夫在春天种下希望的种子一样，种下爱的种子。当种子开花时，你的生命也将变得更丰盛、更美好。那么在婚姻生活中，你可以种下哪些爱的种子呢？

1. 我看见你

士为知己者死，女为悦己者容。这句话的意思是，男人愿意为赏识自己、了解自己的人献身；女人愿意为欣赏自己、喜欢自己的人而打扮。

每个人都希望被别人看见，当一个人得不到别人关注的时候，他就会通过一些偏激的行为来获得关注。夫妻间的争吵大多数都是想获得对方关注的呐喊。

在亲密关系中，人们也渴望被自己的另一半"看见"。比如你新做了一个发型，结果你的伴侣毫无察觉、当你透明的时候，你是不是很失落、伤心？但是，如果他第一时间注意到了你的改变，并赞美道："亲爱的，你今天换了个新发型啊，挺特别的。"你内心的鼓舞和欢欣将会化作最灿烂的笑容。

日常生活中，每一次情感的回应都会增加伴侣之间的情感连接，也都在往伴侣的情感账户里"存钱"。相反，每一次错失回应或者拒绝回应，都是在透支你们的情感账户，让你们的关系变得疏远。

所以，大家不妨从今天开始关注伴侣的一言一行、细微的改变尤其是好的改变，并且不吝啬你的赞美，这样，你的伴侣就会感觉自己被看见了，是被爱着的。

需要提醒大家的是，要适当忽略伴侣身上那些不好的行为，因为过多地关注问题就等于强化了问题的存在，对亲密关系的维护毫无益处。遗憾的是，很多情况下，我们首先关注到的都是那些不好的行为。

2.你是有价值的

心理学家阿德勒认为，几乎人人都有自卑，能超越自卑的法宝就是价值感，可见，价值感对一个人来说有多重要！

价值感是每个人都渴望的。如何让你的伴侣感到有价值呢？你只需勇敢地说出你的需求——"亲爱的，我需要你，没有你在我身边，我很孤独。""亲爱的，你太能干了，吃来吃去还是你做的饭菜最好吃。"……作为伴侣，听你这么一说，他的内心瞬间就被成就感、满足感填满——原来我是有价值的，原来我是被需要的。

当一个人被需要时，他就会感到有价值感。而一个不被需要的人，慢慢会活成一个没有任何价值的废物。

3.你是独特的

顾名思义，"独特的"就是指特别的、唯一的。即便是平凡普通如路边一朵不起眼的小花，你也要看到它的价值和独特之处。

也许有人会抱怨说："我老婆煮的菜跟黑暗料理一样，要我赞美她厨艺非凡，这太强人所难了。"确实。这个时候，你不妨说："亲爱的，你今天这顿饭太特别了，我这辈子都没有吃过这样的饭菜，有种不一样的味道。"这样说，是不是也能产生非常好的沟通效果？

人都是喜欢特别的，特别是女人，最喜欢与众不同。所以，面对那些你不能接受或者实在找不出价值的，你就欣赏其独特性。

4. 你是有贡献的

"你是有贡献的"跟"你是有价值的"是同一件事的两个表达方式，一个是创造需求，让对方有价值感；另一个就是要看到对方的贡献。

对一个家庭来说，夫妻两人只有分工不同，绝无地位高低之分。但很多男人都会犯同一个错误——认为自己是家庭的最大贡献者，因为家里的每一分钱都是自己辛苦打拼赚来的。妻子在家最多就是做做饭而已，没什么贡献可言。

真的是这样吗？当然不是！社会是有分工的，太太在家照顾好孩子，把家打理得温馨浪漫，让你的孩子青出于蓝而胜于蓝，让你有一个幸福的港湾，这些不是价值吗？

你的伴侣即使什么都不干，他也是有贡献的。他最大的智慧、对家最大的贡献就是——他选择了你，并懂得欣赏你。

5. 你是属于这里的

每个人都需要并渴望获得归属感，当人们体验到归属感时，会感觉安全、放松、宁静和满足。但家长们经常说的一句话——"如果你在外面没混出个人样，就不要回来"，这就全盘破坏了孩子的归属感。

团长的父母虽然苛刻，但他们完完全全满足了我这方面的渴望。当我想出去闯却瞻前顾后的时候，父亲对我说："大胆出去闯，大不了回来，家里还有几亩地。"简单的一句话却给了我十足的安全感，因为我知道，即便是我在外面混得穷困潦倒，家也永远都是我可以回归的温暖港湾。

亲密关系也是同样的道理。如果你能给予你的伴侣持续的关爱和包容、坚定的信心和陪伴，不管他事业发展如何、身价几何，你都愿意陪他看尽人生繁华，那么，无论他飞得再高再远，他也是有牵绊有归属的，因为他的心有所属。

一段持久稳定的亲密关系，光靠缘分是远远不够的，还需要爱与智慧，当你有了这两者，你就能够充分地满足伴侣内心深处的渴望，让他时刻感觉到自己是重要的、是被爱的，你们的情感账户永远是富足的，那你们的婚姻就不惧风雨，牢不可破。

本章小功课

如果你希望重新找回初恋时的甜蜜，请完成下面小功课：

1. 夫妻双方中至少有一方开始学习和成长，当然最好是双方能够一起学习。

2. 如果有童年的创伤经历，就像身体有病需要治疗一样，心理创伤也需要治疗。

3. 以五种"爱的种子"为参考，夫妻双方共同约定，一起去种下爱的种子。

爱，就是让你所爱的人因为有你而生活得更好，如果你愿意为你所爱的人完成上面的功课，相信你们的关系一定会日渐亲密。

最后，送上萨提亚女士的一首小诗作为本节的结束：

如果你爱我
请你爱我之前先爱你自己
爱我的同时也爱着你自己
你若不爱你自己，你便无法来爱我
这是爱的法则
因为，你不可能给出你没有的东西
你的爱，只能经由你而流向我
若你是干涸的，我便不能被你滋养

——[美]维吉尼亚·萨提亚

我是：你随时可以改写自己的婚姻剧本

"我是"是冰山的最底层，如果前面章节阐述的是建立亲密的方法，是亲密的技术，那这一层则是亲密关系的根本，是亲密之道。

在我接手的许多个案里，很多来访者都喜欢用一些否定性的或者标签性的词语去定义自己的伴侣，比如："我嫁了个渣男，倒了十八辈子霉。""我娶了个荡妇，家门不幸。""他就是个自私鬼！"

也有给自己贴标签的："我太糟糕了，没有人会爱我的。""我一点都不漂亮，谁会娶我啊？""我从小就被遗弃，就是个独身的命！"

这些关于"我是谁"的定义，就像一个个魔咒一样，会在无形中影响着你的婚姻，甚至你的整个人生。

为什么会这样说呢，我们先来看一下下面的这个案例。

他们欺负的真的是你吗？

在我的《重塑亲密关系》的课程中，我做过这样一个个案：

案主虎妞是一位地道的东北女性，短发，中性服装，说话直爽，从不转弯。

一上台就说自己受不了公公。一开始我以为这是一个公媳关系的个案，于是问她："是和公公住一起吗？"

她说："不是。"

"哦，那是发生了什么事情吗？他干扰到了你和先生的关系吗？"

"也不是，我老公对我很好！"

我不知道她与公公之间究竟发生了什么，我请她从同学中找一位最像她公公的人上来，站在她面前，请她看着那位同学的眼睛，然后问她什么感受。

她咬牙切齿地说："我想把他干掉！"

"干掉"这两个字出自一位女性之口，着实让现场学员吓了一跳。

但我知道，这是她的一种模式，她既然想干掉公公，我猜她同样想干掉其他人。

我问她："你除了想干掉你公公外，以前是否也同样想过干掉某些人？"

她想了想说："大学的时候有个室友，还有高中的同桌……初中的那个女生，我也蛮想弄死她的。"

"这些人你都想干掉吗？"

"是的。"

"天……""这么恐怖啊！""不会是反社会人格吧？"

台下一阵唏嘘，但我知道虎妞肯定不是这样的情况。

我接着问她，这些人有什么共同特点。她想都没想就回答："他们都欺负我！"

可是，在我进一步询问这些人是怎么欺负她时，她却支支吾吾：

"我就是看他上课转笔烦。"

"整天穿条花裙子炫耀，有什么了不起。"

"为什么就有人非要长得高头大马的呢？"

看她说的都是风马牛不相及的事情，我猜，不是对方做了什么事情让她愤怒，更像是她胸中有一团无名火急需找个对象发泄。

可是，没有无缘无故的恨，也没有无缘无故的怨，到底发生了什么，才会让她这样呢？

我用时间线疗法回溯到她的过去，试着去探索这团火焰的源头。时间线疗法认为，有问题的行为模式的背后一定有一个根源性的事件。只有找到模式的根源性事件，才能找到治疗的关键。

刚开始回溯时，她喘着粗气，停留在愤怒的情境中。后来，她开始颤抖、流泪、摇头……显得痛苦、无助，从一只"大老虎"，变成了一只颤抖的"猫咪"。

我问她看到了什么，她说："他们欺负我，戳我的伞，说我的妈妈是……地主的女儿……说要打倒地主的外孙女……"

虎妞待情绪平复下来后，和我们说起了不愿回首的童年。原来，她的妈妈是地主的女儿。她上小学时，班里的孩子总是因此欺负她，要么把她的笔折断，要么趁她走路时突然绊倒她，还用糨糊在她桌子上写了两个特扎眼的字——地主。

从小，她就觉得这一切是自己的错，因为老师不会帮自己，爸妈也因为同样的原因被欺负，保护不了她，还是"夹起尾巴做人"比较好。

但老天好像不肯放过她，有一天下雨，在放学回家的路上，她被几个同学堵了起来不让她走，还戳破了她的雨伞。她狼狈又无助，但是周围没有一个人愿意来帮她，最后她是淋着雨自己哭着走回家的。从那以后，她就变了个人，留着男孩子一样的短发，身材也变得孔武有力，没人敢惹她。

"他们都欺负我，我恨死他们了。"虎妞愤恨地说。

"是的，虎妞，我知道你很难过，可是，听你的讲述，好像他们欺负的并不是你啊。"

"什么？！"我的说法让她震惊了，"不是欺负我，那还能是欺负谁？"

我们不难看到虎妞发怒模式的起源，因为曾经被同学欺负，但当时的委屈她无人能说，因为大环境如此，家人也无力给到她安慰和帮助。于是，当年那些被压抑的情绪变成了一个定时炸弹，她揣着这个炸弹行走，看到谁稍微不"顺眼"，她的愤怒就仿佛找到了"炮灰"，对方也许是中学同学、大学室友，还有今天的公公……

我问她:"虎妞,你看我身上的这件衣服,如果它脏了,或者有人觉得这衣服很难看,人家骂我:'你看看你,穿成这样来讲课,难看死了!'我该怎么办?"

虎妞:"不要穿就好啦,把它换掉。"

我脱下外套扔一边,问她:"虎妞,我现在没穿这套衣服了,你觉得别人还会骂我吗?他们到底骂的是我,还是我的这件衣服呢?"

虎妞怔怔地看着我,沉默了。

"所以虎妞,当时那群小孩欺负的是你,还是地主外孙女的这个身份呢?"

聪明的读者也看出来了,其实,人们欺负的并不是虎妞,而是"地主"这个身份,这是历史的原因。在那个年代,地主是为人所不齿的。

这个关于身份层面的自我认同,就是"我是"。

虎妞把自己这个人和地主外孙女这个身份牢牢地绑定在了一起,她带着这个心结生活了五十多年,过去的委屈和愤懑,她不知道找谁发泄,潜意识只能在生活中寻找一个又一个的假想敌,给对方扣上各种帽子,好让自己有理由讨厌对方,以前是同学、同事,现在是公公。

现在她知道,只要像脱掉一件外套一样,把自己这个人和身份分开,她就可以活得轻松自在。

虎妞突然明白,自己只是在某个特定历史背景下受到了拖累,把历史的还给历史,就不用跟别人对抗了,她也就能重新做自己,重新和别人建立和谐亲密的关系了。

我再次把那位像她公公的男同学请到虎妞面前,让她看着那位同学的双眼一会儿,问她:"你现在什么感觉?还想干掉他吗?"

她笑了,说:"我想请他吃饭。"

我知道,她与公公之间的那颗"炸弹"已经拆除了。

在这个个案中,我所做的仅仅是改变虎妞对自己身份层面的认知,而这个层面的小小改变能彻底改变整座冰山。

"我是……"是什么？

那么，我是谁呢？我在本书开篇的七个故事中已做过简略的阐述，在这里我再跟大家深入探讨一下这个问题。

我们先从名字开始。

如果你问我："你是谁？"我会回答你："我是黄启团。"可是，"黄启团"是我吗？显然不是，"黄启团"只是我的名字而已。

养过宠物的朋友都知道，一般人养宠物，都会为宠物起个吉祥的名字，比如我女儿养过一只猫，帮它起名叫"豆豆"。一开始的时候，小猫并不知道自己就是"豆豆"，可是当你一遍遍地叫它"豆豆"后，它就知道自己是"豆豆"了。小猫把"豆豆"认同为自己的过程，就是"自我认同"。宠物如此，人也一样。

我们不仅会把名字认同为"我"，我们还会把很多东西认同为"我"。比如社会角色：

一个做惯了领导的人，会认为"我"就是领导；

一个做老板的人，会认为"我"就是老板；

一个生活在社会底层的人，会认为"我"就是个卑微的人……

其实，无论是领导、老板还是社会底层的人，都只是我们在社会上扮演的角色而已。角色并不是"我"。

我们来看看这样一个场景：

两个演员在拍电影时，一个演好人，一个演坏人，在戏中，他们打得你死我活，相互憎恨。可是，拍完戏脱掉戏服之后，他们会在一起吃饭，相互欣赏，甚至还会相互赞美："你在戏中那个坏蛋（好人）演得实在太好了！"

可见，角色并不是"我"，只是"我"的其中一件外衣而已。

自我认同除了名字、角色这些比较直观的东西之外，还有很多抽象的、不易觉察的自我认同。

比如，如果一个人的父母从小就一直对孩子说：

"你是个善良的孩子。"

"你有领导的天赋。"

"你是画画的天才。"

"你的歌唱得很好听。"

只要重复的次数足够多,孩子也会认同自己就是善良的人、是领导、是画家,或者是音乐家。

但是,也有部分父母因为没有学过心理学,不知道什么叫"自我认同",经常会带着情绪给孩子赋予另一种身份:

"你就是个废物。"

"我生个叉烧都胜过生你。"

"你让我丢脸。"

"你就是个负累。"

这些话听多了之后,孩子也会慢慢接受自己真的就是个废物,认为自己不够好,不配得到美好的生活。就算他的意识不承认,他的潜意识深处也会这样认同。

一个人一旦接受了这些对自己的评价,这些评价就会像一个人的名字一样内化成生命的一个部分,成为生命的剧本,然后,用一生时间去把这些自我认同活生生地在生命中呈现出来。

自我认同不仅仅会通过言语内化为自己的一种认识,更多的是经过人生的各种经历和体验而潜移默化的。

比如本书开篇七个爱情故事中的胡丽晶,因为自己是个女孩子,从小被父母遗弃,过着寄人篱下没人疼爱的生活。在这段成长经历中,她形成了一个自我认同,认为是自己不够好,父母才会不要她。因为这个自我认同,她长大后在亲密关系上吃尽了苦头。因为这种自我认同,她不敢跟正常的男士谈恋爱,只有在那些有妇之夫身上才能找到自己的价值。"我不够好,不配拥有婚姻"这样一个人生剧本,让她一次次地重蹈"小三"之路,也织就了她前半生的命运。

爱情中的"南橘北枳"

在民间一直有"三岁定八十"的说法，虽然"三岁就决定了一生"的说法未免有些夸张，但从心理学的角度来看，童年的成长经历对人生有着相当大的影响，这是科学的，因为，自我认同往往是在童年建立的，这些自我认同就像人生的剧本一样，会影响我们的一生。

阿德勒说，幸福的童年能够疗愈一生，不幸福的童年需要用一生去疗愈。如果我们有一个不够好的人生剧本，该怎么办呢？

我的好朋友朵拉在她的心理学小说《月球旅馆》中，写了一个温暖而有趣的爱情故事：

南橘北枳说的是，一粒种子在某个地方可以长成又大又甜的橘，换个地方却长成又小又酸的枳。

打个比方，橘和枳突然有了人的意识。在镜子里看见自己和对方后，它们开始怀疑人生："这是我吗，这是我吗？"

然后异口同声地说："哇哦，原来我可以长成这样。"

同一粒种子，发展成不同的存在。

有些人毕其一生都未曾拥有这样的镜子，有些人则很幸运，比如苏菲。

苏菲是 Sunny 的朋友，出生在重庆市万州区，细眉细眼，高颧骨。

苏菲知道以自己的长相，在美女如云的重庆根本没有吸引力。她大学的时候偷偷地喜欢过一个男生，那个男生经常和她眉来眼去，她以为男生也喜欢她。直到有一天在食堂吃饭，她排在男生的后面，听见男生和另外几个人谈论女同学，他说："苏菲啊，颧骨高，杀人不用刀。"

她不明白这话的意思，但明显不像一句好话。这时她才知道，他之所以看她，并不是在眉目传情，只是觉得她的高颧骨有问题，下意识地盯着看而已。

就像小时候发现别人脸上有胎记、牙齿不齐或者肢体残疾时，你会不由自主地盯着看一样。但是你的妈妈会提醒你，不要盯着别人的缺陷看，这是没教养的表现。显然，那个男生的妈妈没有提醒过他。

除了苏菲之外，寝室里的所有女生都有男生追，苏菲觉得自己像个异类。

大学毕业那年，她坐火车回老家，对面一个油腻中年男跟她搭讪，那人声音好听，只是个子矮，手指又粗又短，像拍开的五瓣大蒜。

她差点跟他下了火车，只是她不喜欢大蒜一样的手指才没有跟去。

月球旅馆刚开张的时候，苏菲来住，那时她已经工作了几年，仍然没有男朋友。

谈起那段经历，我问她："为什么没跟那个中年男人下火车？"

苏菲说："我非常渴望跟他下去，但不知道为什么，就是没有。"

后来她又说，好像有一百双眼睛在盯着她，有一百个声音警告她不能下车。

2017年，苏菲遇到了一点麻烦。

她是小学语文老师，但她最不想做的职业就是老师。

她的家人都是老师，爷爷是，姑姑是，哥哥也是。爸爸更是在教师进修学校工作，是老师的老师。老师这个职业对她来说就是生命的重复。在她高考填报志愿的时候，她首先把师范专业的选项排除掉了。

爸爸问她："你不想当老师，那你想干什么？"

听到爸爸这个问题，苏菲有点慌，她只知道自己不想干什么，却不知道自己想干什么。

再用那粒种子打比方，她不知道自己是什么样的种子。

假如知道自己是什么种子，她就可以决定自己长成橘，还是长成枳，可她不知道。仔细想想，其实很多人活得都挺"随缘"，学什么专业"随缘"，做什么工作"随缘"，爱什么人"随缘"，从没想过内心真正想要的是什么，发自内心热爱的是什么，让我们热泪盈眶、奋不顾身的又是什么。

于是，她只好又在高考志愿上填了师范专业。高考时，她特意漏掉了数学最后一道大题。她的想法是，如果自己的分数不够，就不用上师范了。万万没想到，那年生源不足，虽然她的成绩低于控制分数线，但也被师范院校提档了。真是阴差阳错。

后来，她成为一名小学老师，无意中发现学校三四年级的学生有情绪和行为上的问题，就在课堂上引入了SEL（社会情绪学习课程）。她出于好心，可是这些内容与考试无关，家长怕耽误孩子的成绩，就把她举报了。苏菲是个急脾气，到家长群里跟他们争论，随后对骂，结果又被家长举报了。

那段时间她的情绪很差，比没有男人追还差。她的朋友圈充满了抱怨，我把她屏蔽了。

此后的两年，我和苏菲再也没联系过。

2019年元旦，我和包括Sunny在内的几个朋友去清迈跨年。当天晚上，我们在湄平河放天灯，成千上万的天灯从河畔缓缓升到夜空，像橘红色的精灵一样盘旋起舞。Sunny在刷朋友圈的时候，发现久不联系的苏菲也在湄平河边，就在离我们不远处。

我们穿过熙熙攘攘的人群，在塔佩门前见面了。我们兴奋地拥抱，比他乡遇故知更开心的，应该是他国遇故知吧。随后，我们去了古城里的酒吧。人们全去河边放天灯了，酒吧显得格外冷清。我们问苏菲什么时候来的清迈，她说来了两年。原来她在这里工作。

苏菲讲起了她的故事。2017年暑假，她为了散心来到清迈，晚上和朋友去酒吧喝酒。酒吧里有几个法国男生，其中一个卷头发、碧蓝眼睛的男生一直看苏菲，还朝她举杯微笑。苏菲心里恼怒，以为他在看自己的高颧骨，于是转过脸去。那个男生走过来，坐在她旁边，他叫阿兰，用生硬的英文和她套近乎。他们就这么认识了。第二天，他们一起去了素贴山、帕辛寺和夜间动物园。第三天，他们去了曼谷。阿兰温柔、体贴，来自法国南特，给她讲那里的城堡、教堂和电影节，苏菲则给她讲重庆的历史和火锅。

说不上是谁勾引的谁，他们自然而然地滚了床单。那是她有生以来最美好的回忆。苏菲认真地问他："你觉得我漂亮吗？"阿兰说："你是我见过的最美的女孩儿。"

苏菲说："没有吧，我的颧骨很难看。"

阿兰听不懂"颧骨"这个英文单词，苏菲就让他用手摸自己的脸。

他懂了，说："你可能不知道，这里是你脸上最美的部分。"

听到这里，Sunny带着醋意说，小心别被他骗了。

苏菲说："他要带我回法国结婚，我没同意。第一，我还没有准备好；第二，我又遇到一些更有趣的人，有医生、鼓手、调酒师，还有一些修行者。"每个人都很好，也都对她很好，就像这座城市一样。

最重要的是，这一切都让她重新发现了自己：她是美的，她是受欢迎的，值得被追求。

一天晚上，她独自站在湄平河边，忽然觉得自己融入了清迈的夜色中，有种灵魂出窍的体验，她感觉到自己与世界产生了某种神秘的连接，有种内在的力量在她的身体深处醒来，遍布四肢，那是一种难以言喻的愉悦。

也许蝉从旧壳中挣脱出来的时候就是这种感觉吧。

那几天她的内心充满了快乐，觉得一切都充满了快乐：河边的树充满了快乐，随处可见的7-11充满了快乐，塔佩门边的鸽子充满了快乐，甚至角落里的微尘和砂粒都充满了快乐。世界在与她的快乐共振。或者反过来说也可以，她的快乐引起了世界的共振。

这时我们才发现，眼前的苏菲与以前的苏菲完全不一样。她的脸上闪着由内而外的自信，完全没有以前的自我设限。

暑假结束之前，苏菲回国办了辞职手续，托朋友在清迈找到了一个幼教的工作。在这里，她可以给孩子做SEL、做树屋、做戏剧教育，不必担心家长的投诉。当她看到一群小朋友在树屋里由拘谨到疯玩时，她从来没有如此喜欢过老师这个职业。

在多元、包容而且物价不贵的清迈，她找到了属于自己的镜子。

2019年元旦，我和Sunny喝多了，在灯火繁华的深夜，为了另一个苏菲。

通过镜子，苏菲看到了截然相反的两段人生：一个在万州，压抑，自我设限，没有人喜欢她；一个在清迈，自在，完全绽放，人人把她当公主。

一个是橘,一个是枳,同一粒种子,却可以过不同的人生。

这是我看过和听过有关自我认同改变的最美的故事,朵拉把这个转变过程归功于外在的"镜子"。从我的角度看,除了外在的镜子之外,更重要的是她内在的因缘时机刚好成熟。不管是外在还是内在,总之,她有关自己的自我认同完全改变了,我们再一次感受她自我认同改变后的那种喜悦:

那种感觉是不是跟你从噩梦中醒来的感觉一模一样?

啊!原来噩梦里的苦难不是真的!那只是一场梦而已!

或者是一名在电影里演一个饱经磨难的角色的演员,脱下戏服的那个瞬间,他也会有类似的感觉,原来戏里的一切都是假的,原来人间是如此美好!

在亲密关系中,如果两个人都能像苏菲一样,把那些从别人的评价里内化而成的自我认知像脱掉戏服一样丢弃掉,两个纯粹的灵魂活在一起,那一定是我的文字所无法表达的美好关系,我想,那才是真正的灵魂伴侣吧?或者叫神仙眷侣?

苏菲的快乐,是因她脱掉了那些困扰了前半生的标签。在欣赏这个故事美好一面的同时,也请大家感受一下我们给别人负面评价时带给别人的痛苦。

你的伴侣会不会是另一个苏菲呢?

当你认为你的伴侣不够好时;

当你评价你的爱人不够漂亮、不够温柔时;

当你认为你的伴侣无能、不够有担当时……

你的评价会内化为他对自己的评价,成为他的自我认同,成为他的人生剧本,成为他人生苦难的一部分。

你的每一个负面评价,都会成为他人生的负担。

如果你爱他,又何必给他的人生增加苦难呢?

苏菲之所以能改变自己的命运,是因为她遇到了阿兰。如果你爱你的伴侣，为什么你不能像阿兰一样，成为一面可以让对方看到自己美好一面的镜子？

改写婚姻剧本，重塑亲密关系

从第一章的七个故事写到这里，我想大家已经清楚地认识到，破坏亲密关系的罪魁祸首是那些在"我是"层面的错误的自我认同，这些"自我认同"就像人生的剧本一样，决定着我们的人生，也决定着我们的婚姻幸福与否。

要重塑亲密关系，就必须改写婚姻的剧本，也就是重新改变那些让我们受苦受难的自我认同。

那如何才能改变那些破坏亲密关系的"自我认同"呢？

请问各位读者，你的名字可以改吗？答案是肯定的！前面我们讲过，一个人的名字也是自我认同的一部分，既然名字可以改变，那所有你认同是自己的东西就像名字一样，都是可以改变的。

就像苏菲的高颧骨，原来她一直认为那是丑的象征，因为大家都认为丑，所以，她也接受了那是丑，直到她遇到那位法国男子阿兰，原来在某些人眼里是丑的高颧骨，在另外一些人眼中是美的象征！

既然美丑没有客观的标准，我们为什么不选择让自己开心快乐的"自我认同"呢？

因此，改写婚姻剧本大概可以分为以下几个步骤：

第一步：觉察。

觉察，也就是"看见"。团长讲了这么多故事，就是为了让大家看见，你对自己的所有定义都像你的名字一样，是你身边一些重要的他人赋予你的，同时，也被你接受了的东西。这些东西都像你的名字一样，你可以接受，也可以改变。

第二步：重新选择。

当你能够看见，你就可以重新选择。就像你看见你衣柜里的衣服后，可以选择穿哪一件一样。

在你的一生中，你会遇到无数的人，这些人会给你各种不同的评价。当然，我知道，那些对你无关紧要的人对你的评价也无关紧要。那些你在意的和在意你的人，他们的评价你同样也会在意。

在我们很小的时候，父母给我们买什么衣服我们就穿什么衣服，因为那时我们还小，没有选择的权利和智慧。但今天的你已经长大了，你不仅拥有了选择的权利，同时也拥有了选择的智慧。那你为什么不重新选择呢？

难道你甘心背负比如"我不够好""我很丑""我很笨""我不值得"等这些破烂不堪、苦难深重的"戏服"一辈子？

不管你会如何选择，我都请你记住：你的人生就像一场戏，如果前半生的生活不是你想要的，你完全可以改写你下半生的剧本。

剧本改了，你的下半生将会完全不一样。

第三步：实践新的选择。

换一双新鞋子难免会不习惯，换一个新的剧本也一样。但是，你千万不要因为不习惯而丢掉新鞋，重新捡回那双旧鞋穿，我知道你习惯了穿旧鞋。

我们不能因为习惯了苦难而苦难一生，也不能因为不习惯幸福而放弃幸福。

上述三步是对于凡夫而言的，如果你境界够高，在"我是"层面，你会有更高的感悟。当你能够看见所有的自我认同都是一种标签，都像衣服一样可以选择，也可以更换时，你还可以选择什么都不穿，让两个真我赤诚相待。

"真我"是一个人内在灵魂的所在，也就是《佛经》上说的"不垢不净，不生不灭，不增不减，不来不去，常乐我净"的那个"我"，是那个原原本本、毫无伪装的"我"，是唯一的，是每个人最真实的自我。

每个人的内在都隐藏着一个"真我"，层层外衣保护着最中心的真实。只有撕掉标签、脱掉角色外衣，"真我"才得以呈现。两个真我的连接，那是另一个境界的亲密了。

最后，用一个神话故事结束这一节。

据说，天上神仙的能力是固定的，不会增也不会减，而地上的人和妖是可以通过修炼提升自己能力的。

有一天，天庭上一群小神仙不满足自己普通的能力，商议一起投胎为人，在人间好好修炼，这样修炼成仙后就会功力大增，会升级为更高级别的神仙。

可惜的是，在投胎为人的时候要喝孟婆汤。喝完孟婆汤后，就会忘记自己是谁。当然，有些聪明的神仙会用自己的仙法骗过孟婆，没喝孟婆汤。

于是，这些投胎为人本来要好好修炼的神仙就分为两种：

一种忘记了自己是谁，就白白浪费了做人的这一生。不仅如此，还在做人时经历了种种苦难，苦不堪言，甚至痛不欲生，因为他忘记了自己原来是神仙。

另一种知道自己是谁，他们把人间的所有经历都当成修炼的过程，就像一个演员演戏一样，他也会经历戏中的悲欢离合，但他会把演出的过程当成一种学习，一个提升自己能力的过程。他每时每刻都知道，他是一个演员，只是体验戏中角色的苦难，那些苦难并不是他人生中真正的苦难。当他演腻了悲剧时，他会选择演喜剧，因为，他是有选择权的。

你又怎么知道，你不是投胎为人来人间修炼的神仙呢？

爱的疗愈：重塑亲密关系

读到这里，我相信你与伴侣两个人的关系已一目了然了。两个人就是两座冰山，如果能看见自己的冰山，了解对方的冰山，就能在冰山的各个层面产生连接，不仅是行为上的连接，还要有情感上的连接、观点上的连接、需求上的连接、渴望层面的连接，也就是爱的连接，更重要的是灵魂（"我是"）层面的连接。连接的层面越多，两个人的关系就越亲密。

如果你发现你和你的爱人在某些层面卡住了，怎么办？没关系，只要你愿意，一定可以重塑你们的亲密关系。通过下面的旅程，一起重塑我们的亲密关系吧。

疗愈之旅要经历的三座"城堡"

如何才能重塑亲密关系呢？美国著名喜剧作家罗伯特·费希尔写过一本探索生命本质的书——《为自己出征》，讲的就是疗愈的故事。

书中讲述了一位勇敢的骑士，他日夜身披黄金盔甲，时刻准备为正义出征。因为盔甲曾多次保护过自己的生命，骑士特别爱惜，就连睡觉的时候也穿着。可是，问题来了——当他想跟太太拥抱的时候，太太却被盔甲扎到了；当他去亲吻孩子时，孩子一脸陌生地躲开了。他开始觉察到，原来盔甲在保护自己的同时，也隔断了他跟亲人之间的连接。

他想脱掉盔甲，谁知怎么脱也脱不掉。

为了拯救自己，骑士向智者请教。智者告诉他，唯有为自己出征，方得解脱，在智者的指点下，他踏上了疗愈的旅程。在旅程中，他经过三座城堡的艰难考验。

第一座城堡：沉默之堡。

这座城堡就像它的名字一样，静悄悄的毫无声息。骑士在这种无边无际的安静里感到了前所未有的孤单，往事也一幕幕地在眼前闪现，悲伤的、遗憾的、难过的、开心的……他不禁号啕大哭起来，哭得累了便沉沉睡去。第二天醒来时，骑士发现自己脸部的盔甲居然融化了。原来，脆弱的泪水可以融化坚硬的盔甲！

第二座城堡：知识之堡。

经过第一座城堡的顿悟之后，骑士继续前行，不久便来到了第二座城堡，叫"知识之堡"，门一合上就打不开了。在这座城堡里，骑士发现了很多很多的经典书籍，他不停地看书，不停地获取新的知识，却还是没办法打开城堡的大门。直到他看到一本书上说，如果不放下已经知道的，又如何去探寻未知的部分呢？他突然间醒悟——固执在以往的认知上，学再多的新知识也没用，只有放下旧的认知，才能获得真正的新识。这个时候，他发现身体的盔甲又脱落了不少，城堡的大门也打开了。他感觉到多年未有的轻松和惬意，于是，踏着坚定的步伐继续前行。

第三座城堡：志勇之堡。

当他来到第三座城堡"志勇之堡"时，门一打开，骑士就遇到了一条巨龙迎面袭击而来，他躲无可躲，无处可退，内心恐惧到了极点。危急时刻，他鼓起勇气拿出宝剑来跟巨龙对抗。结果，当他拔出剑的时候，巨龙就消失了。这一刻，他终于明白了，所有的恐惧都只是自己的想象，勇敢直面它，它便灰飞烟灭。

经过这三座城堡，骑士身上的盔甲全部脱落，他重新获得了自由的生命。

其实，骑士一路上所经历的就是一次疗愈的旅程。三座城堡也分别对应着疗愈之旅的三个部分：

第一部分：觉察，"沉默之堡"。

人在沉默中会提升觉察力。

觉察包括觉察自己、觉察对方和觉察婚姻状况三个部分。

觉察自己就是看清楚自己的冰山，从行为、应对姿态一直到渴望。

觉察对方就是看见伴侣的冰山。

知人者智，自知者明。当一个人觉察自己时，会反省，会惭愧；觉察对方时，能体会到别人的苦，会生出慈悲心。当你因为觉察而慈悲愧疚时，泪水会融化你那坚强的外壳。当你的保护壳被融化后，就像武士的盔甲被融化掉一样，你才能有与他人连接、建立亲密关系的条件。

在疗愈的旅程中，这个部分包含两个步骤：

1.觉察：看见婚姻的现状和双方的防卫机制。

2.慈悲：看见防卫机制下面的创伤。

第二部分：改变信念，"知识之堡"。

一般人都认为，知识越多越好，其实知识是有它的时效性的，有些知识当时有效，但今后很可能就会变成人生的障碍。

比如，关于婚姻，一直有一种潜移默化的认知，认为应该"男主外，女主内"，这个知识是有它的历史背景的，在农耕文明和工业文明时期，繁重的工作需要强大的体力，在生理结构上，男人的体力一般而言比女性要强大很多，所以，在需要体力才能完成工作任务的时代，"男主外，女主内"是非常合理的，也是非常科学的。但是，当今已经进入了信息化时代，许多工作不再需要强大的体力了，在这样的时代背景下，"男主外，女主内"明显不合时宜。

如果你不能放弃那些陈旧的知识，你又如何能获得新的知识呢？

放下旧的信念，才能创造新的自我——这是骑士在第二座城堡历练时收获的人生启示。这也是疗愈旅程的核心部分——改变信念。

信念决定一个人的行为，行为会创造结果。当你能够改变当事人的内在信念，你基本上可以改写他的下半生。

在婚姻中，最需要改变的信念就是关于责任的信念。为什么成功的事业易得，幸福的婚姻难求？因为大家都知道，事业是否成功，是"我"的责任；而婚姻的问题，都是对方的错。

所以，在疗愈的旅程中，这个部分包含一个步骤：承担责任，承担属于自己的责任。

第三部分：有勇气去行动，"志勇之堡"。

知道不等于做到，如果你没有勇气去实践你新获得的知识，再好的知识都是废物，只会成为你人生的束缚。

这本书也是一样，你光读完这本书是没用的，除非你有用到具体的实践中；如果你没有学用相结合，这本书也就没用！

如果你没有行动，在你的想象中会有很多困难，但只要你迈出第一步，困难就会像骑士在"志勇之堡"遇到的恶龙一样，顷刻间烟消云散。

在疗愈的旅程中，这个部分包含两个步骤：

1.请求：请抱紧我，表达自己的需求。
2.连接：宽恕、接纳与爱的表达。

以上就是一个完整的疗愈之旅的三个部分和五个步骤，这是团长做婚姻咨询时的常用方法。一般而言，经过这五个步骤，夫妻双方的亲密关系都会有巨大的改变，大量走到离婚边缘的夫妻，经过这五个步骤后都能重新获得幸福。

下面我再为大家详细阐述这五个步骤。

觉察：看见婚姻的现状和双方的防卫机制

觉察的第一步，是我们要知道自己现在在哪里。

《正面管教》一书的作者简·尼尔森提出，孩子变坏会经历四个阶段，这个理论在夫妻关系中也适用。

一个人内在的需求如果无法得到充分满足，亲密关系就会出现以下四个阶段的偏差行为：

第一个阶段：吸引关注——"作"是为了让你看见我。

人是需要被看见的。只有被对方看见了、注意到了，我们才会感觉到自己的存在感和重要性。

一旦感觉到别人不重视自己，我们就会采取或怪异或讨好的行为来吸引对方的注意。

大家还记得自己小时候是怎么引起父母注意的吗？

打架、上课开小差、不做作业……总之，各种调皮捣蛋能成功吸引到父母的加倍关注。

当你想要吸引伴侣的关注时，你又会怎么做呢？故意发脾气、抬杠，或者是想尽办法讨好对方，等等。

这个阶段的主要情绪是烦躁。所以，如果你的伴侣总是各种"作"、总是刻意地来烦你时，你就要意识到，对方只是在向你求关注而已。

但是，我想提醒大家的是，没有哪一种吸引关注的办法能够一直有效，这就是为什么以前只要自己一哭，老公就有求必应，现在无论怎么哭对方都无动于衷、视而不见的原因。

因此，为了得到对方的关注，你会变着花样去"作"，如果"作"也达不到你要的效果，你们的关系就会进入下一个阶段。

第二个阶段：权力斗争——你想让我做的事，我偏不做！

求关注的需求没能得到满足时，双方就开始权力斗争了。

在亲子关系中，如果你没有给到孩子自主选择、决定的机会，那么，当他长大到十二岁左右时，他就开始跟你对着干了，表现就是"你让我吃这个，我偏不吃""你让我这么做，我偏要反其道而行之"。总之就是，他要活出自我，要拥有话语权。

同样地，在亲密关系中，如果你的伴侣没能吸引到你的关注的话，你们之间就会上演"谁在家里说了算"的权力争夺战——你让他往东他偏就往西,即使你说的是对的,他也不会按照你的想法去做,偏要和你对着干。

关系来到这个阶段,你会感到愤怒,两个人相处演变成一场权力的斗争,处处充满冲突。

关系处于吸引关注、权力斗争这两个阶段时,表面上看,有很多问题,其实,只要能看到对方的需求,双方能做到彼此顾念,婚姻还是有希望的。

第三个阶段:报复——你伤害了我,你也别想好过。

当对方使尽浑身解数也没能获得你的关注,权力斗争也输了的时候,他就会通过报复的手段来证明自己的重要性。

"我不好受,你也别独自好受。"——这就叫报复。在亲密关系中的表现就是,你惹我生气了,那我就去卸掉你的电脑游戏、刷爆你的卡;你天天往外跑不顾家,那我也玩到天亮再回家;你出轨,那我也出轨报复你;等等。总之就是,你让我不爽,我就让你更不爽。

但是,大家需要明白的是,报复很容易,但是破坏性也很强,这样做只会加速亲密关系的破裂,让你和伴侣的关系越来越差,而这样的结果其实并不是你想要的。

关系到了这个阶段,你会感到十分痛苦。当婚姻处于这个阶段就开始危险了,因为有些报复性行为会给对方带来不可弥补的伤害。当然,如果双方愿意学习成长和疗愈自己,婚姻还是有希望的。

第四个阶段:放弃——你让我干吗,我就干吗。

当婚姻走到第四个阶段,就基本没希望了。这个时候,你对婚姻已经心灰意冷了,也放弃了挣扎——"既然我过往所有的努力都是没用的,那我不如什么都不做,你让我干吗我就干吗。"

表面是顺从,实际上是破罐子破摔,像行尸走肉一样活得麻木又毫无生机。无论伴侣做什么,你都不会关心,连跟他沟通的欲望都没有了,甚至连见他一面都懒得见了。你只会关心财产有没有分割好,因为你已经彻底放弃了。

在婚姻中，放弃的结果有两种：

一种是离婚，关系就此结束；另一种是凑合着过，为了孩子或者某些面子上的原因，不少人选择不离婚，凑合着过完下半生。这样的关系表面上风平浪静，甚至"相敬如宾"，但其实双方都已经彻底失望了、放弃了。

只要你的婚姻还没有走到第四个阶段，那我就要恭喜你，你的婚姻都是有希望的。一旦你们的关系发展到了第四个阶段，婚姻就很难修复了，因为对方已经心如死灰了。但就算心死了，我也建议你来心理学的课堂，摸清楚自己的内在模式，看看自己究竟是一个怎样的"产品"。因为你的内在模式不改，你即使换一个伴侣，婚姻也还是会不幸福。

找到亲密关系的"共同敌人"，而不是把伴侣当敌人

除了从偏差行为去觉察关系之外，还可以用"外化对话"的方式去觉察。什么是外化对话？请先看一个我在《重塑亲密关系》课程上做过的案例。

李玉梅和王莲生是一对结婚十多年的夫妻，一上台，玉梅就把自己的椅子往后挪了一下。

这一个小动作逃不过我的眼睛，我已经感觉到了这份关系到了怎样的"冰点"了。因为我们的身体是最诚实的，她连坐都不想和这个男人坐在一起。我就着这个话题问她："玉梅，你为何要离丈夫那么远呢？"

她愣了愣，说："我想离他远点！我们不亲密！没有温暖！完毕！"

玉梅，性格真的是如寒风中的蜡梅，刚毅果决。

我想让她紧绷的线条放松下来，试着调侃她："哈哈，你那么强势，不应该是你先生感觉不到温暖吗？"

她马上辩驳："十八年婚姻，我一直等不到温暖，就算我是火炉，

在一座冰山边生活了十几年,也冷透了。"

"等"不到温暖,我仿佛越来越能摸到问题的症结所在了。

我请玉梅和我们分享一下,她所说的"没有温暖"到底是怎么回事。

"十八年了,我一直没有安全感。"玉梅拿起话筒说道,"我们是做小本生意的,生意人嘛,都想为自己争取最大的利益,有时候,遇到一些无赖的客户,我气不过,直接和他们吵起来。每到这个时候,他一个大男人不是站出来把那些混账'摆平',反倒过来拉着我,让我别冲动,当老好人打圆场。一个大男人不冲锋陷阵就算了,还拉着自己老婆不让上前,算什么……"

坐一旁的莲生脸都红了,好像有什么话想说,却如鲠在喉根本说不出来,只能用力地喘着粗气。

玉梅注意到了,毫不留情地嘲讽道:"你还别委屈,有件事我进棺材也忘不了。刚结婚那会儿,有一次我们逛街,看到路边有个小贩在卖红薯,那味道把我馋到了,走过去排队。等排到我时,红薯只剩最后一个了。这时,从后面冲上来一个小混混,说'这红薯我要了'。我哪里肯干,大喊'你什么意思'。没想到小混混直接亮出一把刀来,我怕了,往丈夫身边退。结果他直接拉住我说'算了算了,咱们走吧',就这样,那个混混如愿以偿,而我却只能一肚子委屈……我只恨自己瞎了眼!"

"够了!"莲生这时拿起了话筒阻止玉梅再说下去,一行行泪从这个大男人脸上流下来。"事情不是这样……"他说罢哭了起来。

我安抚莲生,让他说说事情究竟是什么样的。

"不就是一个红薯吗?犯得着跟这种人争吵吗?他如果真敢对你用刀,我直接就会顶上去的,我没你说的那么孬。"

"切。"一丝冷笑浮现在玉梅的嘴角。她根本不相信,不仅不信还感到不齿。

看到这里,台下的学员也有些同情玉梅,因为莲生一看就是个文弱的男性,的确很像"和事佬",也难怪玉梅会这么失望。

我继续问玉梅:"玉梅,你为什么当初会选择他做丈夫呢?"

"我觉得他很老实,也很听我的话。"她诚实地说。

"哦,所以你指望一个任你掌控的人为你遮风挡雨?"我反问道。玉梅低头不说话。

读者们,你们听到这里是不是也觉得很矛盾?其实并不复杂。

随着治疗的深入,我用催眠的方法带玉梅回到了她的原生家庭。

原来,玉梅在六岁前,一直是家里的独女、小公主,要风得风,要雨得雨。但是,爸爸似乎不满于此,他更想要个男孩,可惜,一连生了四个都是女孩,直到第五个孩子才是弟弟。

弟弟出生后,家里的负担已经很重了,光靠他做一份工根本不足以养活一大家子人,无奈之下,妈妈也不能再做家庭主妇了,只能和爸爸一起外出打工。他们众姐弟也成了留守儿童。

玉梅觉得,有家不能团聚的状况都是爸爸造成的。我用萨提亚雕塑的手法请同学们把他们一家的状况用静态的画面方式呈现在舞台上。当她看到那一幕时,心中情绪的堤坝瞬间崩塌了,在台上对扮演"爸爸"的角色控诉:"你怎么那么无能,生那么多孩子,不仅拖累我们姐弟几个,也对不起妈妈,你就是个'孬种'!"

多年积压的情绪在那一刻像火山一样集中爆发了出来,玉梅哭得很伤心。

在她心目中,男人就应该遮风挡雨,做不到就不配做男人。既然爸爸做不到,自己是长女就要"扛"起来,她从初中起就开始勤工俭学,为了让几个弟妹能有学上,她甚至放弃了高考的机会,去厂里做工,从车间摸爬滚打做到高层,一路的艰辛,只有自己知道。

这是玉梅的故事。在成长的过程中,她养成了"指责"的习惯。

我又用原生家庭雕塑的手法看了莲生的家庭。

在莲生的家庭中,台上站满了人,因为他家兄弟姐妹很多。但是,"爸爸"的位置没有站人,因为他很早就去世了。

台上的"妈妈"用手指着几个孩子,呈指责的姿态。原来,自从爸爸去世后,家庭的重担就压到了妈妈身上,让她变得脾气暴躁,满腹牢骚,孩子们稍微做得不如意,她就破口大骂。

所有孩子都跪在地上朝妈妈伸出手,这是讨好的姿势。但莲生和他们不一样,他双手抱在胸前,站在一旁,离妈妈有一定的距离。这是因为作为家中的长子,他不想让自己去依赖妈妈,他也知道跟妈妈争吵是没有什么好结果的。所以,从小他就学会了理智、抽离和冷静,这就是他的生存策略。

可是,看起来冷静的莲生,站立时却一直面朝一个方向,刚好就是爸爸空缺的位置,仿佛他一直祈祷那里有个人出现。

后来莲生承认说,虽然这个家里的人很多,但是他一直觉得自己是孤独的,他非常希望爸爸能够出现,给他认可、肯定、激励。虽然他对爸爸的印象早就几近消失,甚至每年的扫墓也未必参与,连他都不知道自己还有这份隐隐的期待。

我问莲生,当初是太太身上的什么吸引你的呢?他说,她能干聪明,很有魄力和担当,是他们工厂管理层的唯一女性。再联想到玉梅前面说的,嫁给莲生是因为他老实,能听自己的话。我想,聪明的读者已经看懂这个"找爸爸"的故事了——在莲生的内在住着一个渴望强大的爸爸的小男孩。

玉梅强势,喜欢莲生听话;莲生理性,渴望有一个强大的爸爸。这就是他们相互吸引的原因。可是,本来相互吸引的一对,怎么就变成了今天的相互怨恨呢?其中根本性的原因是错把需求当成爱,这个我们在前面"需求层面的连接:别错把需求当成爱"那一节已阐述过了。我引用这个案例是希望大家知道在婚姻中如何觉察到自己的模式。

像所有夫妻一样,婚姻一旦出现问题,我们总会在对方身上找原因。玉梅以为,莲生是破坏他们婚姻关系的罪魁祸首。同样地,在莲生心目中,玉梅才是"魔鬼"。

如果双方都把对方看成是问题的原因、是罪魁祸首的话,那婚姻就没有出路了。那怎么办呢?

面对共同的敌人时,群众会团结起来。

很多时候,当夫妻有矛盾时,会不自觉地把对方放在对立面,这样对立的结果只会让双方的关系变得更糟糕。

心理学有个流派叫"叙事疗法",在这个流派中有个小技巧叫"外化对话",外化对话就是将问题和人分开,可以把一个人的模式、情绪、生病的部分等外化成为一个部分,可以为它命名,这有助于看见它,提升觉察程度。

在关系中,如果能找出破坏我们亲密关系的共同"敌人",也就是把某一方或双方的问题找出来,然后一起共同面对,这样,两个人的关系会变得更加紧密。

激化矛盾的往往并不是矛盾本身,而是我们面对矛盾时的态度。

真正令我们痛苦的也不一定是我们伴侣本身,而是伴侣身上的某个模式。

什么是模式呢?模式就是,一而再,再而三地在我们的亲密关系中出现的一种行为习惯。

玉梅的模式就是"指责"。在她的心目中,男人就应该遮风挡雨,就算小混混手中拿着刀,她也希望老公能像盖世英雄那样勇敢地为自己出头。当莲生做不到时,她就指责。

而莲生本来以为强势的玉梅能弥补他缺失的爸爸的位置,渴望玉梅能像其他人的爸爸那样保护自己,没想到不仅没有保护,反而是暴风雨般的责骂,所以,他内心那个小男孩十分委屈。

这种情况下怎么办呢?很简单,摸清楚是谁破坏了他俩的亲密关系,找到"共同的敌人"。

关系再差的两兄弟,一旦面对共同的敌人,他们就会选择团结起来。

夫妻也是如此,两夫妻居家过日子,难免会有摩擦和冲突。有摩擦,就会有指责,有攻击。但是,只要"共同的敌人"一出现,夫妻双方就会站在同一战线,同心抗敌。

而亲密关系里的"共同敌人"就是模式。只要"敌人"一出现,夫妻双方就会共同对付它,像防小偷一样去防范它。防范的前提是,我们至少要知道它是谁,这就叫做觉察。

所以,**重塑亲密关系要做的第一件事就是——找出模式,一起面对**

这个"共同的敌人"，而不是把伴侣当敌人。当夫妻俩联手抗敌的时候，亲密关系就有希望了。

找出模式之后要怎么办呢？接下来，我们要为这个"共同敌人"命名。

也许有人会问为什么要命名。那生个孩子、养只宠物、买套房子，我们为什么都要命个名呢？命名的意思就是，这只宠物是我的，这孩子是我的，这栋房子是我的。当我们能够为某个东西命名时，我们就会成为它的主人。这是我们人类的思维模式。

所以，只要你能够为自己内在的某个模式、某个创伤命名，你就会成为它的主人，对它就有了一份觉察。往后只要它一出现，你就能认出它来。而且，它再也无法干预到你了，都是由你来掌控它。

这就好比入室偷窃的小偷，如果你看到他了，那小偷就无从作为；反之，如果你看不到他，小偷就会偷光你所有的财物。

所以，命名的目的在于，看见它，觉察它，认出它来。

有一部叫《头脑特工队》的电影，影片的女主角是一个叫莱莉的小女孩，但是她的脑海里还存在着五名情绪小人，分别是乐乐、忧忧、怕怕、厌厌、怒怒。这部电影导演的手法跟外化对话的原理是一样的，情绪本来是人的一个部分，但导演把各种情绪外化成一个个独立的人，并且为他们命名，这样的好处，你能对情绪保持很好的觉察，更重要的是，让你成了情绪的主人。

只要愤怒的情绪一出现，莱莉就知道自己内在的另一个家伙"怒怒"来了。当她带着这样的一份觉察时，怒怒就不能掌控莱莉了，因为她才是怒怒的主人。

情绪如此，模式也是一样。

因此，我要做的是，帮助他们找到破坏他们关系的模式，让他们为模式命名。玉梅有一种模式，就是她习惯性地指责她老公。我请她把内在那个习惯指责的部分外化成一个小女孩，并为那个小女孩命名，比如叫小花。只要她一开口骂人，她就意识到"哦，小花出现了"。如果她意识不到，认不出小花来，她整个人就被小花掌控，变成爱指责的小花了。以前的玉梅就是经常被小花控制的玉梅。

现在，你知道那个爱指责的并不是你，只是你内在一个叫"小花"的模式。小花一出现，你能觉察到并认出它来。于是，你就成了小花的主人，掌控权和选择权都在自己手中。这就是命名的威力。

把玉梅内在的指责模式外化为"小花"后，不仅玉梅能看见她，莲生也能看见她。如果莲生能看见小花，并在能力允许的范围内去宠她、爱她，饿了给她一个苹果，渴了给她倒杯茶，重要日子送给她一朵真正的小花，让小花在充分的温暖和爱中得到滋养和成长。被充分关爱到的小花就会越来越少出现。两个人的关系想不亲密都难。

莲生的内在也有一个小男孩，因为他爸爸在他很小的时候就不在了，所以这个小男孩很希望被看见、被关爱。如果不被别人看见，他就满肚子的苦水和委屈。我请他给这个小男孩命了个名，叫"小宝"。当他累的时候，如果玉梅能体贴地说上一句："来，小宝，喝杯茶吧。"当他委屈的时候，如果玉梅能理解地说一句："小宝，我看到你了，我知道你是委屈的。"当他孤单的时候，如果玉梅能给他一个温暖的拥抱。我想，小宝的委屈顷刻间就会烟消云散，因为他已经被疗愈了。

本来玉梅与莲生的关系是对立的，但经过这样一个过程，他俩需要共同对付的就是那个习惯指责的"小花"和那个委屈的"小宝"，在一起对付这两个小捣蛋的过程中，玉梅与莲生就站在了同一阵线上，他们的关系也因此变得更加亲密。

当然，这个个案并非到此结束，这仅仅是婚姻咨询中的觉察部分。后面的部分与这个主题无关，我就不一一分享了。

在一般情况下，我们通常会把一个人的问题等同于他这个人本身，这样的结果会造成两个人相互对立。而外化对话可以把人和问题分开，把问题独立出来，夫妻双方紧密地团结在一起，共同面对问题。

我非常喜欢这个方法，这个方法大大地提升了我的觉察能力，希望这个方法对你同样有用。

所有的疏离都是一种自我保护的防卫

在亲密关系中，你有没有过类似的经历呢？渴望爱与被爱，却对潜在的失去与拒绝产生焦虑。因为心中的怕，又想方设法地让那个人不那么重要。

比如，害怕被对方抛弃，于是，自己先变得冷漠疏离；

比如，害怕失去与拒绝，于是，潜意识里拒绝自己"真的在乎一个人"；

比如，害怕受到伤害，于是，带着攻击姿态来保护自己，让自己变得麻木。

本该是亲密无间的恋人关系，却活成了"最熟悉的陌生人"。为什么会这样呢？这跟我们内在的防卫机制有关。

拿动物来说，遇到危险时，它们会产生三种本能的防卫反应：

第一种，打得过就打，也就是攻击。

第二种，打不过就跑，等于是投降和逃跑。

第三种，打不过也跑不掉时怎么办呢？装死。

我们人也一样。危险面前，为了保护自己免受伤害，我们总是穿着一身厚厚的盔甲。在"应对姿态"那一章已详细阐述过的"指责、讨好、超理智和打岔"，其实就是一种防卫方式。

指责就是动物本能中的第一种：攻击。

讨好是第二种：投降。

超理智是第三种：装死，也就是用一些合理化的理由来麻痹自己，切断真实情感，让自己不去感受恐惧、悲伤等不良情绪。

打岔是第四种：逃跑。

不管是什么形式的防卫，目的只有一个，就是为了保护自己。

在动物中，有些弱小的动物身上是长刺的，比如刺猬，在平时，它们身上的刺是贴在体表舒展开的。只有在遇到危险时，它们才会"怒发冲冠"般把每一根刺都竖起来抵御敌人。它们身上的刺，并不是为了伤害别人，仅仅是为了保护自己而已。

人类身上的盔甲也一样，是一种保护自己的防御机制。但是，这些防御机制在保护自己的同时，无形中也会伤害到身边的人，就像武士的盔甲一样，在战场上，盔甲可以保护自己的安全，但在家里，它却给爱人和孩子带来了伤害。

为什么动物身上会长刺？如果你熟悉动物的话，你会发现，像狮子、大象、长颈鹿等这些身形巨大的动物，它们是不会长刺的，因为不需要。

为什么人需要盔甲？

神话故事中的超级神仙，如孙悟空、哪吒、二郎神等，是不需要穿盔甲的。西方的超级英雄也是一样，你看过超人穿盔甲吗？他把一条三角裤外穿在身上就行了。

只有弱者才需要盔甲的保护，因为力量不够。

一个人之所以会自我防卫，一定是内心脆弱的缘故，特别是那些有内在创伤的人，被伤得越深，保护层就越厚，就越难以接近。

因此，我们需要看到，那些让你难受的人，其实是一个病人，他们的内在一定隐藏着一颗脆弱的心。

人的内在有两股力量：

一股是保护自己安全的力量，这股力量会不断砌墙。

另一股是与世界连接的力量，这股力量会不断拆墙。

两个人的关系是远还是近，是疏离还是亲密，就是这两股力量斗争的结果。

一方面，因为内在的恐惧，我们会穿起盔甲，竖起扎人的刺，在自己周围砌上一堵又一堵有形或无形的墙来保护自己。这样的我们确实是安全的，但也是孤独的。因为，墙在保护我们安全的同时，也阻断了我们与他人的连接。

可是，与人连接是每个人内心深处的渴望，于是，我们又会主动拆掉一些墙。

一拆墙，真实的自我就赤裸裸地暴露在对方面前，我们又会感觉到不安。于是，又开始砌墙。

在亲密关系中，夫妻双方经常上演这样的"拉锯战"——建立防卫机制，确保自己是安全的，但同时又是孤独的，于是尝试去连接；一连接就容易受到伤害，于是，为了保护自己，又重新在自己周围砌了一堵又一堵厚厚的墙。

亲密关系里所有的疏离，其实都是一种自我保护的防卫。当你能觉察到这一点时，你就懂得了一个道理——防卫会阻碍亲密的连接，如果要获得亲密，就必须放下防卫。

因此，亲密关系是建立在两个人的安全感之上的，只有双方具有足够的安全感，才敢于拆掉那些阻碍亲密的防御之墙。

能看到人内在的这两股力量的斗争，以及因此而建造的种种防卫之墙，这就是最好的觉察。

慈悲：看见对方的苦，唤醒自己的慈悲心

之所以需要防卫，一定是因为内心脆弱。如果你只看到对方的防卫，那一定会引发你的防卫，因为，你的内心同样脆弱。两个相互防卫的人又如何能够亲密呢？

只有当一方开始觉察到这个原理，婚姻才会有希望。因为，当你看到对方的脆弱时，你的慈悲心就会被唤醒。

怎样才能唤起一个人的慈悲之心呢？我先跟大家重温一部电影《我不是药神》。

在这部电影里，演员徐峥扮演的主角程勇是个烂人，天天跟前妻争夺孩子的抚养权，父亲躺在医院却连医疗费都付不起。为了赚钱，他从印度走私盗版药卖给中国患者。但这样的一个烂人最后却冒着坐牢的风险贴钱帮患者买药，变成了人人景仰的英雄。

我在前面讲到了，烂人也好，坏人也罢，他们的内在其实都是"病人"。当一个人内在匮乏的时候，他就会通过各种手段、方法来保护自

己,满足自己的需求。这是一个人会变成烂人、坏人的根源所在。

那是什么让程勇从一个烂人变成了英雄呢？他的转变归因于两个契机。第一个契机是,患白血病的挚友吕受益为了不拖累家庭而选择自杀给程勇带来的巨大打击,这个时候,他的良知被激发出来了;而当黄毛为了保全程勇而命丧黄泉的时候,程勇的慈悲之心被彻彻底底唤醒了,即使是倾家荡产,他也毫不犹豫地自搭钱去进药救人。这就是慈悲之心。

慈悲,往往是从看到他人的痛苦开始。当一个人只看得到自己身上的苦时,他就会像刺猬一样,竖起浑身的刺来保护自己。但是,当他把焦点从自己身上移向他人时,别人的苦就会唤醒他的慈悲之心。

亲密关系也是一样的道理。我们最大的问题是,只看见自己的委屈和辛苦,看不见对方的付出和艰难。问题发生时,我们也总习惯性地把手指向别人,却忘了向内行走,看向自己,看见自己。当你也能够看见对方的委屈和辛苦时,你的慈悲心就会被唤醒,你就会发自内心地理解、包容、接纳对方,而不是向对方索取和抱怨。而当两个人都能做到彼此看见,彼此顾念时,你们之间的爱不就回来了？

我们每个人都或多或少地心里带着伤,但是,不管我们内在的创伤有多大,请一定相信：它都可以被疗愈,因为人人都拥有自我疗愈的能力,都潜藏着一颗慈悲之心。当你把向外伸的手收回来,转而向内行走时,你会发现,你无须做多少努力,你和伴侣之间的爱自然就流动起来了。

当你能够看到对方内心的脆弱时,就像你知道伴侣正在生病一样,你一定会关心他、呵护他。试问谁又会对一个病人展开攻击呢？这种事连畜生都不会做,何况是一个人？

我曾写过一篇文章叫《没有坏人,只有病人》(本书附录),看完这篇文章之后你会发现,你的伴侣之所以会让你难受,其实是他生病后的反应而已。明白这一点,你内在的慈悲自然就会生起。

你之所以会指责、攻击,只因你的无助。所以,觉察,是疗愈的开始。

责任：不管对方有多错，其中一定有你的责任

我曾在网上看过一个很有意思的段子，据说美国有位作家写了一本书，一个星期之内卖出了二十万本，这本书名字叫《三十天内如何改变你妻子》(How to Change Your Wife in 30 Days)，后来作者发现出版社搞错了，他本来的书名叫《三十天内如何改变你的生活》(How to Change Your Life in 30 Days)。出版社把"生活"(Life)，印成了"妻子"(wife)。他要求出版社改正书名后重新推向市场，结果，卖了一个月才卖出了两本。

从这件事中可以知道，人们有多想改变自己的伴侣。

我们都知道，事业是否成功是自己的责任。但是，一旦婚姻遇到问题，都会认为是对方的错。

真的是对方的错吗？对方有没有错，我真不知道，但当你这样做的时候，我肯定你错了！

为什么我这么肯定呢？当你一旦把一件事的责任交给了别人，你就失去了主导权，你的命运就交给了别人，你的人生就开始由别人做主。

导致这样的结果，难道你还说自己没错吗？

雪崩的时候没有一片雪花是无辜的。在婚姻关系中，不管对方做得有多错，其中一定有你的责任在，这是肯定的。如果我们把所有的责任都推给另外一方，这段关系是没办法改变，也没办法拯救的。

那该怎么办呢？

如果你希望重新拿回人生的主导权，最好的解决方案就是开始承担婚姻中属于自己的责任。

其实，很多人对责任都存在误解，以为责任就等于"是我的错"。错，这是两个不同的概念。

什么叫责任？根据字典给出的定义，责任有两重含义：

第一，个体做好分内应做的事。

第二，个体没有做好分内应做的事而需要承担的后果。

怎么理解呢？团长先问大家一个问题，如果天打雷天下雨，你有没有应尽的责任？有，如果你不打伞、不穿雨衣到处跑，你就需要承担

你没做好个体分内应做的事的后果——很可能被雷劈。

如果把老天换成是老公或老婆，一旦老公或老婆"打雷下雨"，伴侣有没有责任呢？比如说，玉梅内在的小女孩"小花"出来了，作为老公莲生有没有责任呢？肯定有。我在《别人怎么对你，都是你教的》这本书里就讲到，一段糟糕的关系，其中必有你的一份功劳。如果莲生能够看见玉梅指责背后的脆弱，他就能够及时地给到她安慰和关爱，那玉梅内在的"小花"就不会一再地出现去破坏他俩的亲密关系了。

做好自己分内应做的事，如果没做好那就承担相应的后果，这就叫责任。

如果大家还不太明白，我们从英文的角度来解释更容易理解。"责任"的英文叫Responsible，由两个词根组成——"response"和"able"，也就是说，责任等于反应加能力。意思就是说，当你有能力去为一件事情做出反应的时候，你就是有责任的。

所以，责任源于觉察，是你觉察之后的一种有意识的回应。当你能够看见自己应尽的责任，你就有了选择权。比如，玉梅能看见内在的"小花"，那么她就有责任了，就能选择如何去应对"小花"。如果她看不见，就无从应对，只能任凭"小花"掌控自己。

一旦你负起了责任，你会发现，你坐在了生命的驾驶位置，成了自己生命的主人。因为负责任，就表示你有能力去回应、去处理它，你就拥有主导权、掌控权。

如果你总是持一种这跟我无关、那也跟我无关的态度，你的人生就是被动的，因为你的人生已经被别人操控了。你生活的世界就会退缩到一个小小的世界角落里。

所以，负责任是从被动变成主动的一个过程，而你的世界跟你所说的责任密切相关。

你的责任越小，你的世界就越来越小。

反之，你的责任越大，你的世界就会越来越大。

如果你把上面的这两句话理解透彻了，还能认同接受，那你的婚姻没问题，你的企业没问题，你的整个人生都没问题。因为你的责任是无限的，只要你愿意，你可以回应一切。

"如我不愿弃已知，故我不可知未知！"在"知识之堡"中，最重要的功课就是放弃一些陈旧的信念，升级一些新的观念。在众多需要升级的信念中，有关责任的信念缺失或过时是毒害性最大的。

当然，还有许多关于婚姻的信念都需要升级，需要升级的信念因人而异，如果你改变了这个信念后，你的婚姻依然还存在问题，建议你找一位你信得过的婚姻咨询师来帮助你，专业的事情交给专业的人。有专业人士的帮助，你的婚姻会更加幸福。

请求：情感的依恋是必要的、健康的

开始讲"请求"之前，我先跟大家分享两个心理学研究案例。

第一个是关于孤儿的研究。二战结束之后，心理学家发现，在孩子们的成长过程中，孤儿院孩子的死亡率是普通家庭孩子的三到五倍。但令人困惑的是，他们跟普通家庭的孩子一样，都生活在温暖安全且饮食良好的环境中。那为什么孤儿院孩子的生存概率会这么低呢？

第二个是关于猴子的心理学实验。心理学研究人员在铁笼里放置了两只假母猴——一只是用冰冷的铁丝做的母猴，另一只母猴是用柔软的绒布做的，然后把一只刚出生不久的小猴子放进笼子里。

铁丝母猴能满足小猴子的一切生活所需，渴了喂水，饿了喂奶。而另一只绒布母猴呢，除了抱起来柔软温暖之外，什么都给不了小猴子。

然后心理学家开始实验。当他们拿走铁丝母猴的时候，小猴子一点反应都没有。但是当他们拿走绒布母猴的时候，小猴子表现得很焦虑，眼巴巴地望着绒布母猴的方向，完全无法安定下来。

这就像我跟我太太满足了小狗所有生活的必需条件，但是它跟我女儿最亲密。为什么会这样呢？

其实，这两个心理学研究都说明了一个道理——满足生存很重要，但往往不被看见、不被感恩。

但是，给予爱的话就会被重视、被感恩。因为爱不是人生的点缀，它是人生的基本需要，甚至关乎我们的生存。

所以，我们需要别人的爱，这并不丢人。

很多文章都说，健康的依恋就是要独立，不要去依靠任何人，尤其是女人，不要靠任何男人，因为依恋就意味着没长大。这是我非常反对的一个观点。我认为，**情感的依恋是必要的，也是健康的。隔离情感才是病态的。**

一个再独立的人，也需要爱的滋养。如果没有爱，我们就会变成我太太口中那种没有感情的"木头人"。所以，女人一定要靠男人，男人也要靠女人，男人跟女人是要互相依靠、互相生存的，要不我们干吗结婚？

适当勇敢地表达"我是需要你的"，亲密关系才会更进一步。遗憾的是，生活中的大多数人并不是这样说的，他们只会一肚子怨气，阴阳怪气地说：

"你怎么那么晚才回家？"

"你心里还有这个家吗？"

"工作重要还是我重要？"

……

每一个抱怨背后，都是没被满足的需求。"你怎么那么晚才回家""你心里还有这个家吗"诸如此类的质问背后，隐藏的其实是"亲爱的，我很孤独，希望你早点回来陪我，我需要你的陪伴"的需求。

同样的道理，无论是哪种防卫形式，表现上看是攻击、指责、讨好、超理智、打岔、抱怨等，底下其实都是对爱的呼唤：

我需要你！

你能回应我吗？

请你看见我吧！

你能接纳我吗？

关注我好吗？

我对你来说重要吗？

能支持我吗?

你还需要我吗?

我还能依靠你吗?

你能在我身边吗?

你还爱我吗?

……

表达愤怒,你就孤独,因为愤怒会把人推远;

表达需求,你就获得了爱和关注,因为需求会拉近两个人的关系。

那要怎么表达呢?学会下面这四句话:

第一句:我看到的事实是什么?

第二句:我的感觉是怎样的?

第三句:我内心有着怎样的想法?

第四句:我的需求是什么?

这就是真爱的密码——我们需要冒一点风险敞开自己,勇敢表达自己内心的真实想法和需求。这也是我们每个人走向亲密关系的一门必修课。

连接:宽恕、接纳与爱的表达

曾看到一则很有趣的故事:

一对老夫妻相守六十年,非常恩爱,无话不谈。老太太唯一的秘密就是一个盒子,谁都不能碰,谁也不能问。

直到老太太生命垂危时,她让老先生打开了盒子。盒子里是两个布娃娃和九万五千块钱。

老太太解释说:"自从我们结婚那天开始,每次你惹我生气,我都会做一个布娃娃。"

老先生听后很是欣慰,结婚这么多年,原来自己只让老伴生过两次气。

随后,老先生又好奇地问那九万五千块钱的来历。

老太太回答说:"那是我卖娃娃的钱。"

有人说,再恩爱的夫妻,一生中都有一百次想离婚的念头和五十次想掐死对方的冲动。没有完美的人,更没有完美的婚姻——这就是婚姻的真相。

但是,很多人并没有清醒地认知到这一点,总跟一些事情过不去。比如,对方没能以自己期待的方式回应;比如,对方不经意间犯了一个错;比如,对方不关心不体贴自己;比如,对方懒惰、拖延、不求上进……一旦对方的所作所为触及了自己内心的脆弱时,就会反复责问、无法原谅,自己活得痛苦,对方也感觉难受。于是,亲密关系就卡在那里,两个人也没有任何亲密的连接。

人无完人,每个人身上都或多或少地存在着缺点和不足。这就导致了在交往过程中,错误不可避免,伤害也在所难免。这个时候,要怎样才能建立连接呢?答案是宽恕与接纳。

很多心理学文章都在讲,要无条件地爱、无条件地接纳,要宽恕,但很多人还是做不到,不知道从何下手。为什么会这样?归根结底是因为他无法跟自己内在的不好的感受待在一起。

不好的感受是怎么产生的呢?因为大脑中的"应该是"跟外面世界的"如是"发生了抵触。当外面的世界跟我们想象的不一样时,我们的心里就会受到影响,因为我们总想让外面的事物都按照自己期待的方式来发生,这就是产生不好感受的重要原因。比如说,你会埋怨伴侣,对他心生不满,一定是你的伴侣没有按照你期待的方式去说话、做事和行动。

所以,一个人会有不好的感受,或者接受不了别人的某种行为,究其根源是因为其内在的"库存"不足。因为"库存"不足,我们的内在就像一个填不满的深洞。为了填补这个深洞,我们内心深处会滋生出一个又一个的需求,就像饿狠了的人会到处觅食一样,我们会不断地向外寻求。这个时候,大脑中的"应该是"就出现了。

当大脑中的"应该是"与现实中的"如是"不一致时,情绪就产生了。所以，情绪的产生并不是因为对方做了什么或者没做什么，而是来源于我们大脑对所发生的事情的解读。

讲到这里，大家看清楚了不能宽恕的根源在哪里了吗？就在自己这里。不是我们不能宽恕别人，而是我们无法接纳自己罢了。

不能原谅别人的人，一定是不能原谅自己的人。真正的宽恕，要从宽恕自己开始。当我们觉察到伴侣的某些行为给自己带来了不好的感受时，我们首先要做的是接纳自己，接纳自己"库存不足"的事实，接纳是自己大脑中的"应该是"制造的冲突和矛盾，接纳自己身上的缺点和不足。

当我们能够接纳完完整整的自己时，我们就能从怨怼和痛苦的情绪中解脱出来，身心将会体验到一种轻盈而安宁的美好感觉。这样的我们，内心是可以容纳所有人的，身边的人自然活得开心、舒适，两个人的关系自然就建立了亲密连接。

所谓亲密就是，在伴侣面前，你没有恐惧，你能勇敢地在他面前呈现自己最脆弱、最沧桑、最不堪的一面，这样的话，两个人在每一个层面都自然地产生连接了。怎样才能做到没有恐惧呢？无条件地接纳与包容，既接纳自己的缺点和不足，也允许对方不完美，这也是一种爱的表达。所以，当伴侣做错了某件事，或者让你产生了不好的感受的时候，团长希望大家能够给对方一点点的宽容和接纳，因为这个人跟你我一样，都是凡人，都会犯错。

真正的亲密就是在你的伴侣面前没有恐惧

这趟亲密关系的重塑之旅走到这里，我想大家已经十分清楚什么是亲密了。

所谓的亲密，就是我们愿意敞开自己，卸下满身的防卫和盔甲，把最真实的自己呈现在伴侣面前，包括美好的、丑陋的，舒服的、不舒服的，表面的、隐藏的，安全的、恐惧的。所以，真正的亲密不是两个人都变成完美无缺的圣人，而是在对方面前，我们可以毫无恐惧地呈现自己，彼此分享内在所经历的风景。当两个人没有任何伪装或防卫地彼此敞开，分享更多的关于自己的内在故事（当然，关于前任的那些事最好压在箱底永不提起），那你走进对方心里也是早晚的事。

因为，没有敞开就不会有亲密的连接。当我们在感受层面、观点层面、需求和渴望层面、灵魂（我是）层面都向对方敞开时，两个人的内在冰山就连接在一起了，这就是真正的亲密关系。

回想一下，我们生命中那些关系很好的知己或者是亲密朋友，不都是从彼此敞开以及彼此分享感受、观点、需求和渴望开始的吗？人生有"三大铁"：一起扛过枪的战友、一起同窗过的同学以及一起交过心的闺蜜。为什么他们纵使隔着万水千山，却能彼此牵挂、亲密有加？因为他们彼此敞开、彼此知道对方非常隐私的事，关系自然亲密。

当你了解我的故事越多，我们的关系就越亲密，爱的连接就越深越长久。亲密关系更是如此。

敞开自己就是一个脱掉盔甲的过程。当然，脱掉盔甲难免会受伤，但如果你一旦受了点小伤，或者仅仅只是有受伤的感觉，你就内心充满恐惧，迅速穿上厚厚的的盔甲，重新用你习惯的防卫式应对姿态把自己武装起来——冰冷坚硬的盔甲确实给我们带来了踏踏实实的安全感，付出的代价却是爱的连接被切断——没人能轻易伤害我们，但也没人能轻易走近我们，我们活得封闭又孤独。

所以，亲密需要一点点勇气，因为，每一次敞开都是一次心灵的冒险。当然，我不建议你对任何人都去冒这个险，我只是建议你在你爱的人面前鼓起勇气，勇于尝试，一点点脱掉你的盔甲，敞开你的心扉，呈现你的脆弱，唤醒他的慈悲，用脆弱的泪水融化那坚硬的外壳，以最柔软的方式与你最爱的人相处。

一句话，真正的亲密，就是在你爱的人面前没有恐惧。

没有恐惧，就无须防卫；没有防卫，就不用穿上盔甲；没有盔甲，两个真我自然就连接在一起，这就是亲密的真谛。

反过来看，真正阻碍亲密关系的是内在的脆弱，一个内心脆弱的人是很容易受伤的，至少他很容易感到自己受伤。一旦有受伤的感觉，他就会充满恐惧；一有恐惧感，他就会开始防卫；一旦防卫，关系就变得疏离了。

因此，破坏亲密关系的根本原因是由内在匮乏、自我价值感低所导致的脆弱，具体表现如下：

1. 不敢表达情绪。
2. 缺乏共情能力。
3. 看不到别人的正面动机。
4. 不敢表达自己的需求。

如果你或者你的伴侣有上述这些症状，是时候疗愈自己了，而疗愈的旅程就是：

1. 勇敢地呈现问题。

2. 觉察双方的防卫模式。
3. 看见对方的痛苦,唤醒自己的慈悲心。
4. 承担属于自己的责任。
5. 发出请求:请抱紧我。
6. 爱的连接。

重塑亲密关系是一件非常值得去做的事,因为,这关乎你一生的幸福。如果你愿意,我建议你找一位专业的心理咨询师或者婚姻辅导师协助自己,疗愈过往的创伤。

Chapter

3

激情：
爱情最后都会只剩下亲情吗？

真正的宽恕,要从宽恕自己开始。

在亲密关系中，如何维持长期的激情？

美国心理学家罗伯特·斯滕伯格认为，完美的爱情和婚姻关系包含三个基本元素，即亲密、激情和承诺。上一章我们探讨了亲密部分，这一章我们来研究一下激情。

我曾接到这样一个夫妻个案。

一对原本甜甜蜜蜜的夫妻在结婚几年后，丈夫突然提出离婚。妻子不想离，于是找到了我。

我问他们夫妻俩，离婚是不是因为感情破裂了。丈夫回答说："没有。"

"那你为什么提出离婚呢？"我继续问道。

他回答说，对妻子提不起任何的兴致和激情，感觉这样的婚姻太没意思了。

这样的抱怨是不是很熟悉？曾经相爱的两个人一起走过很多年的岁月之后，却发现彼此熟悉得如同左手摸右手一般，早已失去了激情。曾经如胶似漆、充满激情的爱情经过时间的沉淀，两个人最终活成了最熟悉的陌生人……

一旦激情退去，很多人便觉得爱情消失了，两个人也到了各奔东西的分岔路口。

就算两个人没有选择分开，爱情最终也成了亲情，爱人变成了家人。真的是这样吗？难道婚姻真的是爱情的坟墓？

一般人的爱情大概有下面几个阶段：

第一个阶段叫情欲。

在情欲阶段，我们的身体受性荷尔蒙的影响，对异性充满激情。在这个阶段，哪怕对方只是轻轻地触摸了一下你的指尖，你都会脸红心跳、激情澎湃，身心的愉悦感达到了顶峰。

第二个阶段叫亲情。

随着时间的流逝，两个人从心动走向平淡，激情慢慢消失，随之而来，两个人就会进入到第二个阶段——亲情的阶段。当爱情进入这个阶段，两个人之间激情耗尽，欲望也熄灭了，很容易产生腻烦感，向外寻找，因为人都会有追求新事物、寻求新刺激的本能。所以，这个阶段是最危险的阶段，大多数爱情就"死"在这里。

第三个阶段，回归爱情。

当两个人的关系进入亲情阶段，要怎样做才能维持长期的亲密关系，顺利过渡到第三个阶段——回归爱情的阶段呢？

从第一章斯滕伯格的八种婚姻分类中我们已经知道，亲情阶段两人的关系就是陪伴关系，完美爱情的三个元素中缺失了激情。只要能让我们家人般的关系增加点激情，我们的关系就能够重新回归爱情。

很多人会错误地认为，随着年龄的增长，激情会自动减退，真的吗？

大家有没有发现，我们身边有些人虽然年岁已高，但活得很有激情。我就遇到过这样一个老太太，是我们公司NLP高级执行师课程的老师，叫苏西·史密夫，已经快八十岁了。但是，每次见到苏西，我都能感觉到她身上的每一个细胞都在向外迸发着活力。她身上展现出的澎湃热情、眉飞色舞的自信，让她整个人都仿佛散发着光。

反观我们身边的一些年轻人，年纪轻轻，活得就像当年的我一样，如直愣愣的木头，一点激情都没有，每天就像机器一样按部就班地做着一些事。用富兰克林的话来说就是，有些人二十五岁那年就已经死了，只是到七十五岁那年才埋葬。跟这样的人朝夕相处过日子，可以想见一辈子会过得特别漫长、相当痛苦，就算你没有离婚的念头，日子也会过得非常枯燥无味，就像曹操形容的鸡肋般，食之无味，弃之可惜。

可见，激情跟年龄并没有必然的关系。激情虽然会随着时间熄灭，但我们可以重新点燃它，让两个人的关系再次回归到爱中。

团长不希望大家的婚姻都走到"鸡肋"的地步。可是，现实生活中的爱情结局总是让人失望，谁也不能保证一段亲密关系里，激情会一直持续。在我们视力范围之内，可以看到的事实就是，两个人一旦过了情爱的阶段，就会进入到亲情的阶段，这好像是关系发展的自然规律。那这样是不是就意味着所有的关系都逃不开喜新厌旧的魔咒？是不是激情消耗完了就注定只剩下亲情了呢？当然不是。

激情从何而来，跟什么有关？

要找回激情，我们就得先弄清楚激情是怎么来的，它跟什么有关？在回答这个问题之前，我们先来看两个例子。

第一个例子是关于一部电影。大家有没有看过一部叫做《徒手攀岩》的纪录片？这部纪录片讲述的是，攀岩运动家亚历克斯·霍诺尔德在不借助任何绳索或安全装备的情况下，徒手登上美国约塞米蒂国家公园海拔三千英尺高的酋长岩的壮举。

一旦失手，等待他的就是粉身碎骨。那他为什么还如此热衷于做这件事呢？

在接受媒体采访时，记者也总会不厌其烦地问他类似的问题："只要一个小错，手脚一滑就会堕入死地，我不是很明白……"

普通人都不是很明白，甚至不能理解，难道他都不会恐惧吗？

而他的回答是："我在攀岩的时候，能够感受到那种极度的宁静，也能够感受到那种跟整个宇宙万物合一的感觉。"

看过这部纪录片的都知道，亚历克斯跟他女朋友的关系不是很好。从心理学的角度来说，他其实是个病人。在现实世界里，他很难享受到普通人很容易就能享受到的愉悦和激情，只有在徒手攀岩时，他才能感觉到内在迸发出来的生命力和最鲜活的感受。

对亚历克斯来说，他的激情来源于专注。

第二个例子是关于一个人。这个人叫罗静，大家听过她的故事吗？她是中国首位征服十四座海拔八千米以上雪山的登山爱好者。有一次，我听她的访谈听到毛骨悚然。她说跟她一起登山的朋友大多都埋在了雪山上。主持人问她："那你还要继续吗？"她说："登山者最好的归宿就该是雪山之上。"

一个人的生命力会在某一刻，经由某件事情被彻底地激发出来。激发罗静生命力的，是雪山。我曾经听过罗静的采访，2006年，她的人生经历了一次"雪崩"——她离婚了。支离破碎的家庭让她陷入了痛苦、无助的谷底。为了散心，她跟朋友去爬了一次雪山，从此便一发不可收拾地爱上了雪山。她说："享受攀登过程和登顶时领略到的风景，并希望去过的土地都能记住我曾经来过，那是一种挑战自己而产生的成就感和存在感。"这种成就感和征服欲望，其实就是激情。

对罗静来说，她的激情来源于未知和挑战。

那你的激情又来源于哪里呢？大家不妨回顾一下自己过往的人生，你对什么事情是一直保持着不灭的激情的？

比如说，游戏。不一定是电子游戏，比赛或者是体育类的竞技游戏。不管是哪类游戏，可能都会让你激情澎湃。

比如说，探险。当你抵达一个新的地方，面对新的挑战时，你整个身体的能量都会被唤醒，每一个细胞都充满了激情和挑战。

比如说，越野。团长就非常喜欢开车去越野，这也是一项让自己充满激情的爱好。驱车纵横于未知的荒野山地间，我整个人的激情都被唤醒了。

无论你对什么保持着激情和热爱，我们都可以得出这样一个结论，那就是激情跟以下几组关键词有关：

1. 专注

专注，意味着活在当下，但生活中很少有人能真正做到专注地做一件事。

我曾听过一个有意思的笑话：夫妻俩正亲热的时候，妻子看到天花板有点裂了，于是跟老公说："亲爱的，我们完事之后修修天花板吧。"

这个笑话很短，但余味悠长。

现代人的快节奏生活，让我们总是在焦虑未来，一个焦虑未来的人是无法活在当下的，如果你的焦点这一刻都不在此时、此地，激情又从哪里来呢？

当你为所谓的未来奔波的时候，如果你能抽出几分钟时间专注地闻一闻路边的花香；当你按部就班地做着枯燥乏味的工作时，如果你能放空大脑听一首旋律优美动听的音乐；当你躺在床上为了第二天的事情辗转反侧的时候，如果你能静下心来听一听窗外的蛙声，你会惊奇地发现，心无旁骛地专注于某件事情，哪怕时间很短，也会重新激发你对生活的激情和热爱。

2. 未知和挑战

壹心理是我投资的其中一家企业，CEO叫伟强，每当他遇到困难和压力的时候，他就会选择到无人区徒步几天。他的每一次出发，都让我们紧张不已，但这种未知和挑战，他却能享受其中。

未知的世界，能激发我们内心的斗志和潜藏的力量，能唤起我们底层的核心能量。你可不可以让你们的夫妻生活有意识地打破常规，来点冒险，去体验一些未知的领域，让生活增加一些变化？比如和伴侣去旅行，去冒险，去到一个陌生的地方过两人世界？

所以，如果你想要让自己活得有激情，那就请你为自己所做的事情增加点难度和未知的挑战，你要付出些努力才能够达成。

3. 变化和创新

大家有没有发现，有些人一辈子都在用同样的东西、吃同样的菜、去同样的地方上班，然后回到同样的家。这样日复一日、年复一年的机械生活怎么可能会有激情呢？

而那些刚交往的情侣或者是新婚的夫妻，为什么每天都过得充满激情？因为为了讨伴侣欢心，你会变着花样地给对方惊喜——生日的时候为他精心准备一份礼物，隔三岔五到浪漫的餐厅吃一顿烛光晚餐，或者在重要节假日送上一束漂亮的玫瑰花。

可是结婚几年之后呢，很遗憾，大多数夫妻就开始进入到千篇一律的生活中，日复一日的都是柴米油盐。当你把日子过成了一潭一成不变的死水，激情也就变成了一件奢侈品。

如果你不想让自己的婚姻陷入鸡肋般的亲情期，不想让婚姻变成一潭死水，一点波澜、一丝活力都没有，那么，有些事情你是必须要去做的。

心理学领域有一句经典的话："在长期亲密关系里，应该自动发生的情节都已经发生了。"意思就是说，如果你不刻意去制造点什么，就别指望你们的关系会有激情了。

想要维持长期亲密关系，你就必须懂得如何有意识地唤醒激情，创造亲密。回想一下，你的欲望在最初被激发的时候，是不是也因为它是未知的、新奇的、冒险的？当激情逐渐消退的时候，如果你把专注、挑战、未知、冒险、变化和创新这些能够唤醒激情的元素都运用到亲密关系中，结果又会怎样呢？

为什么有的人活着活着就没了激情？

在第一章，我跟大家讲述过亲密、激情和承诺分属不同的中心。人体的能量中心大概分为三个区域：一是心区，对应亲密，是情感连接的中心；二是腹区，对应激情，我们的生命力、性能量、热情都在这个区域激发出来，是一个人生命力的体现；第三个区域是脑区，对应的是承诺，负责理性的思维。

所以，激情是属于腹区的能量，它的底层能量就是性能量。

一提到性能量，很多人就简单肤浅地认为是性行为。其实，性能量远不止性行为这么简单，它还关乎一个人生活的方方面面，是生命力的一个直观体现。

什么是性？我们来看看中国古人怎么理解"性"这个字（如下图）。

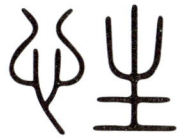

左边一个竖心,右边一个"生"字,什么意思?就是让你的心生发出来,让你保持一种生气勃勃的活力,这叫做性。所以,性并不是专指做爱这点事,它是贯彻到生命中的每一刻。比如,当亚历克斯徒手攀岩的时候,当罗静登顶海拔八千米雪山之巅的时候,或者是当舞蹈家在跳舞、音乐家在演奏、你在玩游戏的时候,这些都是一个人富有激情、生命力旺盛的表现。

如果一个人的心没有了生气,这个时候,他的性能量就枯竭了,激情和欲望当然也就减退甚至是熄灭了。

生命力衰减,人就萎靡不振;生命力旺盛,人就会活得生机勃勃。

所以,是性能量让一个人生气勃勃。小孩子的性能量就很足,他们疯玩一整天也不知疲倦,浑身的精力旺盛到仿佛使不完。所以,性能量是泛指生命的能量,是人生的阳气,而人的本性是具备生命力、创造力和向上提升的能力的。

道家有个说法,一个人的生命力体现在"精,气,神"三者,一个人精满,气足,自然就有神。

这里所说的"精",可以理解为性能量,也就是说一个人充满了性能量,他的气就足,就会显得精神饱满,神采奕奕,生命力十足。

如果一个人性能量缺失的话,那你在他身上都感受不到一丝的活力和朝气。这样一个没有了激情的人,充其量就是一条咸鱼。

那为什么我们会从激情满满的一条"鲜鱼"逐渐变成一条毫无生机活力的"咸鱼"呢?有两个原因:

1. 外在因素

一个人活在压力区或者无聊区,是很难活出激情的。

什么叫"压力区"和"无聊区"？我们先来看看下面的这个图表。

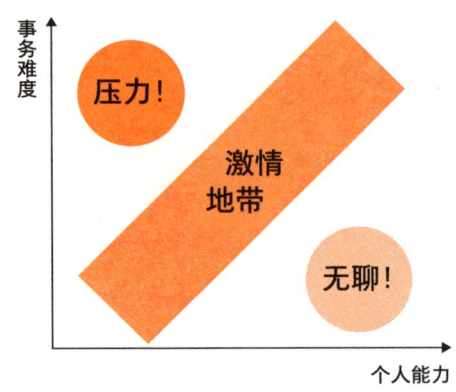

这个图表中，横坐标代表"个人能力"，纵坐标代表"事务难度"。如果你正面临着一件非常棘手的事务，但是你的能力又不足以支撑你的雄心壮志，你无法很好地处理这件事情时，你就会感觉到"压力山大"。

反过来，如果你是研究生、博士毕业，个人能力非常强，但是你日复一日重复的工作是在高速公路收费站收费，你会不会觉得人生太无趣、太无聊？会！因为你的能力远远超过了你所要处理的事务的难度，杀只鸡却动用了宰牛的刀。

这两个区域，一个叫压力区，一个叫无聊区。处于这两个区域，一个人是很难活得有激情的。

那在哪个区域，我们才会迸发出激情呢？中间这个区域，也叫激情地带。当你的工作能力跟你所面临的事物的难度刚好匹配，甚至于说你还面临着一些未知的挑战，但是你踮踮脚努力一把也能够出色完成，这个时候，你才会充满激情和乐趣。

大家现在知道，为什么自己玩游戏的时候会充满激情了？因为你打游戏过的每一关，都是你的能力刚好能够过关，但是你又无法轻易过关。所以，当你在玩游戏的时候，你就会不断地尝试、不断地挑战，激情也会不断被唤醒。

但是，如果让你去玩一个两三岁小朋友玩的小游戏，你玩起来会有激情吗？我想，答案一定是很无聊。因为你现在的能力远远超过了游戏的难度。又或者，如果让菜鸟级别的你去玩那些游戏高手玩了十几年才能够玩到的级数，你又会如何？三下两下就失败了，你还会有继续玩的激情吗？很难。

通过玩游戏这个例子，我相信大家对如何唤醒自己的激情多少有所感悟了。当你正在做的是跟自己能力相匹配，但又带着一些未知和挑战的事情的时候，你才能够唤醒生命中的激情。

因为没有难度，就没有挑战。没有挑战，就没有激情。

所以，这也是让你拥有激情的一个简单的原理。

玩游戏如此，探险和越野也是如此。

如果让你在一条笔直且宽阔平坦，没有任何难度和挑战的公路上开车，你会不会有激情？不会，相反，你很容易就会打瞌睡。可是，当你把车开到荒野的时候，全然陌生的环境、未知的挑战以及远近高低各不同的景色，都会让你全心投入、专心一致地沉浸在当下，在这种状况下，你就能够唤醒身体里每一个细胞的活力。

2.内在因素

如果你的思想被封印了，你是很难有激情的。

对一段关系来说，当两个人一起冒险，一起打破原有生活规律，去做一些从未尝试过的事情的时候，两个人最能连接到真实的彼此，也最能活出激情和亲密。道理很多人都懂，可是，为什么有的人就是不愿意去做呢？原因很简单，被自己的思想封印了，用心理学的术语来说，就是被头脑中的限制性信念束缚住了。

什么叫限制性信念？就是大脑中那些让我们行动受限的想法，这些想法会局限我们对世界的认知，让人生更少选择。这些想法又叫做"病毒性信念"。

比如，每当节假日，我都会找一家特别的酒店住一下，体验不一样的生活。我住过森林、雪山、沙漠、高山、海边，还有海上游轮，我总是喜欢让生活富有变化，增添些不一样的色彩。可是，有时候我邀请某些朋友一起出去度假时，某些人会这样跟我说："金窝银窝不如自己的狗窝，家里那么舒服，干吗老往外跑呢？"

就是这些想法局限了他的人生，让他这辈子少了很多美好的人生体验，这些想法就是限制性信念，这些想法会像病毒一样封印你的人生。

也许有朋友会说，不是这些想法限制了我，而是我口袋中的钱限制了我。表面上看起来是这样的，但如果你深入了解就会发现，并不是贫穷限制了你的想象，恰恰相反，而是缺乏想象力让你变得贫穷。关于限制性信念与金钱的关系，我在另一本书《会赚钱的人想的不一样》里面讲得很清楚，有兴趣的朋友可以去阅读。

封印我们内在激情的想法还有很多。比如：

有些人根深蒂固地认为性是肮脏的、羞耻的，于是习惯性地压抑自己的性需求，让婚姻中的性生活变得索然无味。

有些人错误地认为，有了孩子之后，要以孩子为中心。殊不知，夫妻的幸福是孩子未来的榜样，如果你活得死气沉沉，你的行为无疑在摧毁孩子的婚姻。

有些人认为玩是一种浪费，于是他的人生只有工作，毫无生活乐趣可言，因为这样的想法封印了自己的快乐。

你相信的，正在把你困住。这些信念就像看不见摸不着的墙一样，把人困在这些隐形的牢狱中，走不出去。要想底层真正地充满激情，你就必须打破信念的框架，从中走出来。

什么叫做打破信念的框架？我跟大家分享一件事。

我儿子大学毕业的时候，我们一家陪儿子策划了一次自驾毕业旅行，租车从美国的东部一直开到美国的西岸。在路上，我问儿子说："你学了四年的设计，学到最重要的一点是什么？"他回答说："学到最重要的一点是打破框架。"

我问："什么叫打破框架？"

他说："遵从框架生产出来的叫'产品'，打破框架的叫'艺术品'。比如'一天吃三顿'就是框架。在远古时代，人类的生存没保障，那时候的人居无定所，是很难保证什么时候吃饭的。一日三餐是农耕时代的习惯，因为农耕文明的特点是日出而作，日落而息，生活比较规律，而且劳动量巨大，需要三餐定时才能保证劳作时需要的能量。但是，现代人都市人基本上没有多少体力劳动，却还是一日三餐，于是，大量都市人营养过剩，患有肥胖症。这就是框架，我们被以往的习惯框住了。

"再比如，一般来说，椅子都是四条腿的，如果你做一把四条腿的椅子，那就是产品。但是，如果你打破框架，不按传统不按常理出牌，制作一张一条腿的椅子，那就是艺术品了。"

这番话很有意思，人生也一样。如果你想享受更好的两性生活，就必须跳出原有信念的框架，破掉原来的那些规则，丢掉内在的"必须"和"应该"，从一些小的细节开始改变，比如说换个发型、换种风格的服饰、换种口味的饮食……别让自己的每一天停留在日复一日的柴米油盐上，而是每天都做一些让自己的生命有所不同的事情。

当深入骨髓的那些信念被一一打破，当你跳出了为自己所设定的框架时，你将发现一切都会豁然开朗，你和你伴侣的关系不再是一潭死水，而是充满激情与活力。

当然，团长这里所说的打破某些信念的框架，是指打破那些禁锢我们思想的框架，打破框架必须在遵守法律、法规和社会伦理道德的基础上。同时，也必须在整体上取得平衡，也就是"我好，你好，大家好"的基础上。否则，你寻找的就不是激情，而是毁灭。

激情是一种能量，要避免不必要的消耗

影响激情的除了信念，还有一种重要的东西，就是能量。

当肉体的激情被唤醒了之后，你整个人都会充满活力，你与伴侣之间的关系也能够从亲情的境界进入到爱中的境界。哪怕你们结婚五六十年了，你也依旧能保持一份对伴侣的激情和美好感觉。

可是，为什么有些人总是精神抖擞，活力十足；有些人却总是像霜

打的茄子一样没精打采呢？区别在哪里呢？

我们来看看道家的观点。道家认为，一个人有没有活力、有没有激情，跟精气神有关。什么叫精？精分为先天之精和后天之精。

父母康健，基因优秀，生出来的孩子就很壮实。先天带来的良好基因，就叫做"先天之精"。如果一个孩子生下来就体弱多病，比如说，我就是一个生下来先天不足的孩子，体质很弱。那像我这样的孩子就没希望吗？不是。你有没有见过一些看起来总生病的人活得却比谁都长寿；而有些人看起来龙精虎猛的，一旦生起病来，身体一下子就垮了，这跟什么有关呢？后天之气。后天之气从哪来呢？五谷、太阳，还有空气等，这些都是能滋养人的。比如说五谷，我们吃进肚子里一经吸收、运化，就能产生能量。道家把运行在我们经络里的这种能量、养分叫做气。

先天之精不足，我们就要后天来补养。把气养好了，精神自然就好了。

那什么叫神呢？如果我们把精跟气比喻成汽油，汽油燃烧之后所产生的能量表现出来就是神。一个人如果精气充盈，双目就炯炯有神；如果精气不足，表现出来就像一只发瘟的鸡，无精打采的，因为精气都被消耗得差不多了。所以，激情这种生命能量除了先天带来的，还能靠后天修炼或调养。

人这一生就是一个消耗能量的过程。道家认为，人的身体大概消化了75%的能量，而这其中，25%的能量是性消耗的，另外50%的能量是为了生存而劳动所消耗掉的。剩余25%的能量是我们的大脑消耗掉的，从这就可以看出，我们的大脑其实是高耗能的一个器官。

大脑消耗能量有两个途径：

1.不稳定的情绪。

2.内在思想的冲突。

我们先来看看情绪。为什么说情绪会消耗能量呢？

刺猬身上长满了尖利的刺，当遇到危险时，它的刺会竖起来，不是为了伤害其他动物，而是保护自己。

据说动物学家曾做过实验，他们不断攻击刺猬，让它处于长期的危险和恐惧中，它的刺一直竖着，三个小时后，这只刺猬就奄奄一息，濒临死亡了，因为强烈的情绪消耗了它大量的能量。

人也一样。你是否发现，跟人争吵完后会很累？不仅是身体累，心也累，因为愤怒会消耗你的能量。

恐惧也是一样，如果你总是为某些事情担惊受怕，一直处于恐惧的状态下，你会根本提不起精神。

焦虑更不用说了，如果你处在高度的焦虑情绪中，你会吃不香、睡不稳，这样的状态持续不了多久，你就会精疲力竭。

所以，情绪的平和稳定，对一个人的能量使用效率非常重要。那些在困难面前越挫越勇、不轻易放弃的人，基本上都是情绪平和稳定的人。

第二个消耗能量的漏洞是思想的冲突。

什么叫思想的冲突？

比如，你明明想出去旅游一下，让自己的生活有点改变，可是，内心又怕花钱；你明明想吃顿好的，可是内在有个声音又在责怪你不该这样浪费；你明明知道该起床了，可是，内心还有个声音说"再睡一会儿吧"。

你是否也会有类似的情况？想做一件事情，可是又下不了决心，一直犹豫不决？前怕狼后怕虎，拿不定主意？如果有，这就是思想的冲突。

思想的冲突就像我们内在有很多小人，他们一直在"开会"，却无法达成一致。这些内在的小人天天打架，哪有你不消耗能量的道理。

以前的团长为什么会活得像个木头，了无生气？因为那时的我做事谨小慎微，做决定前犹豫很久，总是担心这个担心那个，这种思想上的冲突不仅让我错失了很多机会，更重要的是，这种模式还会消耗大量精力，导致我像个木头一样，了无生气。

今天的我就不一样了，比如现在比较流行的直播，虽然我不具备直播的大多数条件，但直播这种方式出现后，我就毅然跟上，没一丝犹豫，虽然目前还做得不好，但我依然信心满满地坚持每周一次直播，并坚定相信我能做好。

是什么让我改变了呢？是心理学。学习心理学后，我的自我价值感大大提升了，我不但思想冲突少了，情绪也稳定了，因此大大降低了我的能耗，提升了能量的使用效率。

为什么自我价值的提升可以同时减少思想的冲突和情绪的波动？我们首先要了解什么是自我价值。

自我价值感就是自己对自己的主观评价。你怎么看待你自己，你觉得自己是个怎样的人，这是一种对"我是谁"的认知。

为什么这种认知会影响情绪和思想呢？我在《圈层突破》一书中用了这样一个比喻：现代人都离不开手机。假设有一个完全不知道手机的从亚马孙丛林来的野人，他看你整天拿着手机，笑话你说："你整天拿着这个玩意干吗，又不能砸核桃，你太蠢了。"你会不会跟他计较？你的心情会不会受他影响？

你不会，你会认为他很傻，会觉得他"有眼不识金镶玉"。为什么你不会受他的影响？因为你知道自己手机的价格和价值，你百分之百相信它是有价值的。

换个场景就不一样了。假设你是古董收藏爱好者，你最近花重金买了件古董，可能是明朝的，可能更早，你甚至无法百分之百确定它是真的。如果它是真的，它可能价值连城；如果是假的，你投入的巨资就化为乌有了。

这时你找了位古董专家，当你把它交给专家鉴定，他捧着它左看右看时，请问你的心情是怎样的？

此时你内在的思想斗争一定很激烈，情绪也无法稳定。因为你无法确定古董的价值，它是否有价值，并不由你决定，而是由专家。专家一句话，可能让你上天堂，也可能让你下地狱。

商品如此，人也一样。如果你对自己的价值不确定，你会十分在意别人的评价，你的情绪就会受他人影响，你会有一颗玻璃心，一碰就碎。当你的情绪随环境的变化而变化，又怎能稳定呢？

但如果你对自己的价值像对手机一样确定,别人的任何评价你都会一笑置之。你成了情绪的主人,自己的情绪自己做主,情绪就不会过多消耗你的能量了。

思想也是一样,当你能足够相信自己,你就不再有太多内在自我冲突,因为你不会怀疑自己了,你会身心一致地把决定付之行动,不仅不会消耗能量,还可以大大提高效率,让你的内在能量聚焦在有益的事上。意之所在,能量随来,这样,你就能省下大量的能量,保持对生活的激情。

一个人的幸福,来自两个人的关系。要想与伴侣保持长期稳定又美好的亲密关系,你就需要把那些与激情相关的元素,如专注、未知和挑战、变化和创新、想象和神秘等元素重新植入到你们的亲密关系中,唤醒彼此的激情。一旦激情回来了,回归到爱中也就不远了。

遭遇"七年之痒"时,如何重新点燃激情?

鸡蛋从内打破是生命,从外打破是食物。

激情是一种生命力,必须从内在唤醒,不能从外在强加。当我们拥有这种生生不息的生命力的时候,就会像大树一样,每天都会长出新的嫩芽,焕发新的生机。

经过前面对激情原理的讲述,我相信各位聪明的读者已经知道如何让你的婚姻充满激情了。下面,给大家分享一些简单易行的方法,让你的婚姻生活增添活力。

增加激情的方法有很多,大致可以分为两大类。

第一类是动类,通过某种行动唤醒激情。

1. 运动

身体健康,是产生激情的基础。保持身体健康,我觉得最好的一个方法就是运动。生命在于运动。运动可以刺激你的身体,唤醒你身体里的荷尔蒙,让你每天都活力满满。

而在各式各样的运动方式里，其中有一个动作能够很好地提升一个人的性能量，这个动作就是深蹲，不但能刺激你雄性荷尔蒙的分泌，更能唤醒你的激情和性能量。

我在前面提到了，性能量的意义与范畴要远远超过纯粹的性，是一种生命力的展现状态。可以说，性能量和生命力这两者基本上是可以画等号的。当一个人性能量足的时候，他生命里的每一个时刻都是充满活力的。同样地，一个生活充满激情和活力的人，他的性能量一定是丰盛的。相反，当一个人暮气沉沉，完全没有朝气的时候，他的生命力是非常弱的，性能量当然也是匮乏的。这样的人能够享受到很好的良性关系吗？

所以，一切都从运动开始，没有了健康，也就谈不上激情。

2. 舞蹈

前面提到的苏西老师，八十多岁了还能保持激情和活力的一个最大原因就是，她非常喜欢跳舞。在她的课堂上，她总有一股特别的魅力能引领着学员们进入到一个舞蹈的世界，因为她每时每刻都在舞动她的身体。

无论是灵活温柔内敛含蓄的舞蹈，还是摇曳多变激情四射的舞蹈，只要一个人不断地舞动自己的身体，他的身体就能释放出活力和激情。

3. 音乐

我不知道大家是否去过现场看演唱会，特别是摇滚演唱会。如果你体验过演唱会现场的气氛，你就会发现，每一位演唱者都充满了活力、焕发着激情。比如说汪峰，尽管脸上有了岁月的沧桑，但只要他开嗓唱起歌来，他身上的每一个细胞都向外散发着活力，整个人都是绽放的、享受的。

所以，音乐也能够唤醒我们身体的活力，因为音乐是流动的，在流动的优美旋律里，身体里的每一个动感的细胞都会被带动，生命力也跟着流动起来。

运动、舞蹈、音乐，这些都是通过动的方式来唤醒我们的激情。接下来，团长跟大家分享几种比较静的、能够唤醒激情的方法。

第二类是静类。也许很多人都认为,激情一定是要动的,一定是要充满活力的,其实不然,有一些激情可以很安静,在安静中,你的每一个细胞都激情澎湃。

1. 想象

为什么很多夫妻都逃不过"七年之痒"呢?一个重要原因就是,距离太近了,没了想象空间。

作家蔡澜曾说过一句话:"男女一旦共有一个卫生间,蜜月期便过去了。"确实,卫生间是爱情的坟墓。大才子李敖跟大美女胡茵梦那段轰轰烈烈的婚姻想必大家都熟知。为什么当初爱得那么痴狂的李敖,婚姻不过才四个月就破裂了?李敖给出的回答是,有一天,他无意间推开没有反锁的卫生间门,见蹲在马桶上的妻子因为便秘满脸憋得通红,实在难看。

可见,两个人一旦关系太过融合,性就会死寂。但是,生活中的很多夫妻一旦结婚之后就各种不避讳,把伴侣当成透明的存在,上厕所不关门,洗澡不关门,还当着对方的面换衣服……久而久之,结婚之初的那种神秘感、美好想象便消失殆尽了。这就是为什么生活在一起很多年的夫妻,即便是赤裸相对也不会血脉偾张、立时性起,反倒是穿得若隐若现更能引人遐想,更能提高双方的性趣。要知道,两个人太熟悉后就没有了新鲜感,就会向外寻找性。

距离产生想象,而想象产生美。所以,与对方保持适度距离,维持一点儿神秘,彼此拥有各自独立的空间。当你能够做到这一点的时候,我想你们的关系就能重新找回激情。因为空间是性的必要条件,只有当你们是两个独立的、不同的个体时,你们才有彼此之间的空间来安放激情。

对亲密关系来说,我们更需要有一个想象的空间来唤醒自己内在的激情。

2. 按摩

有句话叫"不用则废",我们的身体也是这样。其实,我们的身体原本是很敏感的一个器官,就像地震来临前,蚂蚁会搬家;下暴雨前,蜻蜓会低飞一样，人类原本也具备这样的感知能力，只是我们平时用脑比较多，身体动得比较少，长期如此，有些功能便开始变得迟钝甚至是退化了。

怎么唤醒身体里那些逐渐退化的功能呢？按摩是一个好方法。

这里说的按摩，不是传统中医讲的经络按摩。经络按摩是非常痛的，可能会让你很难受，并不一定能够唤醒你的激情。

我说的按摩是一些比较高品质的SPA，比如，伊莎兰按摩——一种有爱的按摩。这种按摩最好是夫妻之间互相来做。这种按摩原则就是，轻柔的，有爱的，同时按摩者的两只手从按摩开始到按摩结束都不能够离开对方的身体，总有一只手与对方的身体是保持着接触的。

当你身体的每一寸肌肤都被对方轻柔而有爱地抚摸着，他的手抚摸到哪里，你那个身体部位的生理机能就都被激活了，你会感觉很舒服，身体也会变得更加敏感。只有敏感的身体，才能体验到激情，才能享受到让你动容的两性关系。

一个真正的按摩高手，他的内心是充满爱的，他那双手抚摸你的身体的时候，会让你感觉到暖暖的爱意。因为人的身体其实是渴望被抚摸的。所以，如果你爱你的伴侣，不妨带着深深的爱，透过按摩，去唤醒他那沉睡的身体，帮助他重新找回激情。

3. 呼吸。

人在一呼一吸之间能够吸进大自然中的氧气，而氧气能够滋养我们的生命，让我们保持活力和激情。所以，呼吸是调整身体最有效也是最快速、最廉价的一个方法，因为空气是免费的。

但可惜的是，绝大多数人的呼吸都是浅的、短的、快速的，吸进去的氧气仅够维持我们的生命，多一点都不愿意吸了。请你留意一下你身边的人，那些焦虑的、恐惧的、无精打采的人，他们的呼吸状态都是这一种。

但你看看那些生命力旺盛的人，他们的呼吸一定是深沉的、长的、慢的，他们一口气吸到丹田，让身体充满氧气，他们吸入的氧气是一般人的好几倍。

人体内有两组神经：交感神经和副交感神经。交感神经是让我们兴奋的神经，比如当我们演讲、比赛的时候，它就会兴奋，带给我们力量、信心和勇气；而副交感神经是让我们放松的神经，让我们进入安定、放松的状态。

对于大多数人来说，并不知道如何调整这两组神经，所以，才会导致晚上该睡觉的时候兴奋，不停刷手机；白天该拼搏的时候疲累，只想躺平。

如何才能掌控自己的状态，让自己保持激情呢？

要先学会调整自己的呼吸，呼吸方式有两种：

1.腹式呼吸：吸气肚子鼓起，呼气肚子收紧。腹式呼吸可以启动副交感神经，让我们处于一种放松的状态。所以，当你需要放松、睡觉时，可以采取腹式呼吸。

2.逆腹式呼吸：吸气肚子收紧，呼气肚子放松。逆腹式呼吸可以启动交感神经，让我们充满力量和勇气。所以，当你需要力量时，你可以采用逆腹式呼吸。

当你明白了这两种调节神经的方式，就像你找到了自己内在的能量开关，当你需要动力的时候，就可以通过逆腹式呼吸让自己更有力量。相反，晚上入睡前如果思绪繁杂，就可以通过腹式呼吸让自己平静下来，养精蓄锐。

本章小功课

如果你希望你跟伴侣之间能够重燃激情的火焰,请完成下面的功课:

1.觉察:对照本章讲述的原理,看看自己缺乏激情的原因是什么?是受外在的环境影响呢,还是受内在的限制性信念的限制?抑或是自我价值不足导致的能量消耗?承认是成长的开始,先看见自己在哪里,才能达到要去的目标。

2.本章提供的方法,你准备用哪种方法来提升自己的激情呢?

3.激情的三个关键词——变化、创新,还有挑战。如果你真的爱对方,就要不断地做一些改变,让爱人有眼睛一亮的感觉,这样的话,我想,你的生活一定充满激情。你愿意为你所爱的人做出哪些改变呢?

最后,与大家分享完形心理学领域的一首著名小诗,只有短短三行:

让我们坠入爱河吧!

不过,

你先来。

这首小诗把爱的真谛说得淋漓尽致。"只要你改变,我一定愿意改变。"可是,当两个人都在等待对方改变的时候,那谁来先迈出第一步呢?不是你,又是谁呢?不是现在,又是什么时候呢?

改变是不容易的,但改变是值得的。希望大家都勇敢地踏出改变的第一步,那等待你的将是焕发着生机和活力的激情人生。

Chapter

4

承诺：
让亲密关系可以长久的力量

亲密关系里所有的疏离，其实都是一种自我保护的防卫。
当你能觉察到这一点时，你就懂得了一个道理——
防卫会阻碍亲密的连接，如果要获得亲密，就必须放下防卫。

一段好的婚姻，承诺必不可少

一段完美的爱情和婚姻关系，激情、亲密和承诺这三个元素是缺一不可的。在前面，我们讲了亲密和激情。从这一章开始，我们要聊的是三要素中关于"承诺"的部分。

在西式的婚礼上，我们经常会见到让人感动的一幕：

牧师："新郎×××，你是否愿意娶×××，作为你的妻子，无论是顺境或逆境，富裕或贫穷，健康或疾病，快乐或忧愁，你都将毫无保留地爱她，对她忠诚，直到永远吗？"

新郎："我愿意。"

牧师："新娘×××，你是否愿意嫁给×××，让他作为你的丈夫，无论是顺境或逆境，富裕或贫穷，健康或疾病，快乐或忧愁，你都将毫无保留地爱他，对他忠诚，直到永远吗？"

新娘："我愿意。"

多么让人感动的承诺！

可是，婚礼是感人的，现实是残酷的，数据显示，全国的离婚率正在逐年上升，我从网上摘录一小段资料让大家感受一下现实的残酷：

从 2003 年到 2019 年，我国离婚率已经连续 17 年上涨，比如 2019 年我国离婚对数已经达到 470.06 万，同比增长 5.4%，离婚率达到 3.36‰。如果按照结婚对数跟离婚对数的比例来看，大家会发现离婚率更高，比如 2020 年全国结婚登记人数为 813.1 万，对应的离婚登记人数为 373.3 万，离婚占结婚比例为 45.9%。

上面这一小段资料意味着什么呢？我来帮大家解释一下。离婚率 3.36‰ 的意思是，在一千个人中（包括新生婴儿和老人）有 3.36 人离过婚。离结比 45.9% 又是什么意思？当年有一百对夫妻结婚，同年有 45.9 对夫妻离婚，也就是说，在结婚的人中，有大概一半的人会离婚。

本书并不想研究人为什么离婚，团长本人也并不反对离婚，只要用心理学的原理跟大家探讨一下，为什么有些人能遵守承诺，而有些人不能遵守承诺，以及如何才能增加婚姻中的承诺。

对于违背承诺的人，社会舆论会认为那是渣男或者渣女，基本是大坏蛋才会有的行为。我原来也是这么认为的，直到我遇到一位学员，为了方便讲述他的故事，我帮他起一个名字叫"吴源泽"吧。

吴源泽是我们一位老学员，他是一家规模不小的服装公司的老板，不仅人长得帅，而且才华横溢，只要他来到我们班，班里的班服、徽标、毕业晚会都由他一手设计。他不仅爱学习，而且热心助人，经常会回我们的课堂做助教，因为他的热心和才华，老师和同学都很喜欢他。

我也十分喜欢他，经常让同事邀请他来做我的课程助教，我个人比较偏理性，有他在，我的课程会变得感性很多。但有一天，有另外一位老学员向我提出抗议，他带着愤怒质问我：

"团长，你认为你是在帮人还是在害人？"

我说："当然是在帮人啦！心理学怎么会害人呢？"

他说："那你为什么总让吴源泽来做助教？"

我一头雾水，问："吴源泽怎么了？"

他说："你不知道吴源泽在每次课程后都跟一位女同学发生关系吗？而且每次都是班上最漂亮的那位，有时候还是有夫之妇！"

这个我还真的不知道，我只知道那段时间吴源泽处在离婚阶段，而且，听说他经常离婚，已经离过好几次婚了。

这位同学提出这个问题之后，我主动约吴源泽吃了一顿饭，因为我们的关系不错，所以借着点酒意，我转述了那位同学对我提出的质问，向他求证，问他是否是真事，他毫不掩饰地回答我说是真的。

当时我有点生气，带着情绪质问他：

"你怎么可以这样玩弄女性呢？"

我至今还记得他当时的样子，他一脸无辜地看着我，对我说：

"团长，你是我的老师，你怎么能说我玩弄女性呢？我们是真爱啊！"

"既然是真爱，可是为什么你们不长期在一起？"我继续追问。

"可是后来又不爱了啊！"他依然一脸无辜。

"每一个都是真爱吗？"我没有放过他。

"当然，如果不爱，我们怎么会在一起呢？"

我无语了。吴源泽是一个真诚的人，从他的表情和语音语调中，我看不出半点撒谎的迹象。也正如他自己所说的，像他这样的人，谁跟他在一起都会痛苦，所以，他从不轻易结婚，但结婚之后，他总是轻易离婚。

我跟大家讲这个故事，并没有半点为吴源泽开脱的意思，只是我无论如何也无法把他跟"渣男"两个字联系在一起。虽然，他的行为会让很多人觉得很"渣"。当然，他也为自己这个"爱"的模式付出了足够的代价：听一位学员说，有一次，他的某一任太太发现了他出轨的证据，把他和他的母亲赶出了家门，并且把他们母子所有的私人物品从阳台丢到了楼下。

吴源泽已经是年过五十的人了，推算一下，他的母亲已是将近八十的老人了，一位年过半百的男人带着一位八旬老太太在风中收拾行李，然后到处找酒店的画面想想都有点凄凉。这也许就是粤语里所说的"有几多风流就有几多折堕"的报应吧？

可是，就算这样一个极具冲击力的画面也没有改变他这方面的行为模式，后来还会偶然传来他结婚、离婚的消息，只是，我再也不敢请他回来做助教了。

从这个案例中我们可以知道，生活中并不是坏人才会违反承诺。

从数据中也可以看到,既然离结比高达45.9%,但总不至于将近一半的人都是坏人吧?

反观一些动物,比如天鹅,它们对爱情忠贞专一,坚守一夫一妻制,总是出双入对,而且当另一半去世后,它们会变得郁郁寡欢,有的绝食殉情,有的撞墙自尽。

为什么天鹅都可以做到专一专情,有些人却做不到专一呢?

为什么有些人很轻易地就选择了离婚,有些人却能够跟爱人白头偕老呢?

如何才能让我们的婚姻真正做到有所承诺呢?在承诺这个板块,心理学是否有解决方案?

回答大家之前,我们先来看看什么是承诺。

承诺是人类权衡利弊之后做出的理性选择

要想知道承诺是什么,我们先得弄清楚我们为什么会做出承诺。

很多人把对伴侣忠诚归结为道德高尚的结果。那忠贞不渝的天鹅难道是因为它受过良好的思想品德教育吗?显然不是。一个人对另一半忠诚,跟思想道德素质高不高尚其实并没有多大的关系。黑社会的人也会遵守承诺,所以不一定是好人才会信守承诺。我们要理性地看到这一点。

那承诺到底跟什么有关呢?当我们做出承诺的时候,我们的大脑是如何运作的呢?

NLP有一个工具叫做"理解层次",是由美国心理学家罗伯特·迪尔兹发展出来的,他把人类大脑的具体运作分成六个层次(如下图):

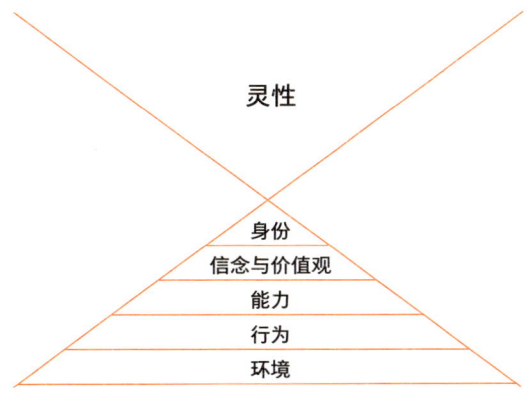

简单来说，就是他发现人类的思考有六个层次，分别是：环境、行为、能力、信念与价值观、身份和灵性。下面分别向大家详细介绍：

1.环境：环境就是在哪里？你们现在在哪里看这本书？是在家里还是书店？这就是环境。

2.行为：行为就是做什么？你正在看书，对吧？看书就是一种行为。

3.能力：能力就是怎么做，用什么方法做，你拥有什么才华。比如现在正在看书的你，你之所以能够看书，是因为你懂中文，具有阅读的能力。

4.信念与价值观：信念就是那些你会赖以行动的想法，是行为的指南针，是一个人的行为准则。价值观是你认为什么是重要的，是一个人动力的来源，你做或者不做什么的判断标准。

思考信念层面的问题通常会问："为什么？为什么要这样做？"当你问一个人为什么要做一件事时，得到的答案通常就是信念。

比如，你为什么会看这本书？此刻你心中的答案是什么？也许是："学习可以改变我的婚姻状况。"

"看书可以找到增加亲密的方法。"

"别人有婚姻的解决方案。"

不管是哪一个想法，这些都是信念。信念是一个人的行为准则，是一个人做或者不做什么的依据。

5.身份：所谓身份就是"你是谁"？你想成为一个什么样的人？关

于这些问题的答案就是你的身份。

6.灵性：灵性就是为了谁？是一个人与他人及世界的联系方式，你是用什么方式跟这个世界连接的。人注定会改变世界，不是让世界变得更好，就是让世界变得更糟。你是为他人及世界提供贡献的还是造成麻烦和破坏的？这就是灵性。

这六个层次是相互影响的，"环境"会影响"行为"，相反，"行为"也会影响"环境"。但层次越高，对下面的层次的影响力就越大。

违反承诺是一种行为。一个人做或者不做破坏承诺的行为，取决于他思想的最上面三层。

最具决定性的是"灵性"层面的思考。一个灵性高的人，是不愿意给别人增添痛苦的，因为灵性高的人是与他人和世界合一的，别人的痛苦就是自己的痛苦。

一个灵性高的人做事是整体平衡的，也就是他会考虑大家的利益和感受，做事会以"我好，你好，大家好"为原则。

其次就是"身份"，你把自己定义是一个什么样的人，你希望别人怎么看你？一个人如果把自己定义为遵守承诺的人，那么他就会在行为层面遵守承诺；相反，一个人如果把自己看成是个不受约束的人，那么，他在行为层面就会有意无意地破坏承诺。

然后是信念层次。信念是一个人做或者不做一件事情的行为准则。

什么承诺？承诺就是坚持一个原则，用信念把自己放在一个框架中，是理性权衡利弊后的决定。承诺是大脑的选择，是理性的力量，是人类发展到今天的智性之光。

婚姻制度，从某种意义上来说，是一种约束，是夫妻双方共同遵守的一个契约，也是一个框架。一旦你走进了这个框架，就意味着你"放弃了其他可能的选择"，主动留在这段关系里，忠于自己的伴侣。所以，坚守一夫一妻制度并不是道德高尚的表现，仅仅是大脑理性的选择。

从生物进化的角度来看，人类产生初期并没有所谓的"一夫一妻"这样一种婚姻制度，只是人类发展到了现在的文明程度，大脑开始高度发达并开始懂得理性地权衡利弊之后的自然选择。

既然婚姻是一种约束,那为什么会有婚姻这种东西的出现呢?特别是"一夫一妻"这样的婚姻制度是怎么来的呢?团长不是历史学家,也不是社会学家,所以,只能从进化心理学的角度谈谈自己的粗浅看法。

有部电影叫《狼图腾》,是根据同名小说改编的。小说里面有一章让我印象非常深刻——随着幼马的长大,到了发情的时候,马群里的头马就会想尽各种办法把正在发情的年轻公马赶出马群。可是,小公马怎么愿意离开自己从小生活的圈子?于是,为了赶走它们,头马用牙咬、用脚踢,用尽了各种残忍的手段。那一幕描写得非常生动和血腥。

头马为什么要这么做呢?因为它害怕小公马会跟自己的姐妹进行交配。我们都知道近亲结婚的严重后果。如果小公马跟自己的姐妹发生交配,后一代出现畸形的可能性就非常高。

连马都懂得为了种族的健康繁衍而做出有利于马群的选择。作为高等动物,人类当然也不例外。我们都知道,性生活如果是混乱的,后果将是严重的——近亲结婚的结果是,后代因基因变异产生先天性残疾的可能性非常高。

除了繁衍的因素之外,混乱的性行为还会导致性病的流行,而且,有些性病是致命的。为了后代的健康,为了安全,人类在进化的过程中,慢慢形成了今天的婚姻制度。所以,婚姻制度是动物进化到某个高度之后自然做出的选择。

既然婚姻制度是人类发展到今天的最优选择,那为什么仍会有那么多的人破坏承诺,破坏婚姻?

这跟马路上的红绿灯原理是一样的。红绿灯也是社会发展到一定程度后的产物,以前的马路上并没有红绿灯这种东西,有了红绿灯后,不管是对开车的人还是对过马路的行人来说,无疑是一种约束,那为什么人类还要发明红绿灯来限制自己呢?

几十年以前,马路上确实不需要红绿灯。可是,随着城镇化的发展,聚居在一起的人群开始增加，城市里马路上的人和车越来越多，如果没有红绿灯，十字路口的交通就会混乱。为了保障交通顺畅，于是有智者发明了红绿灯制度。

红绿灯的出现，在保障了群体的利益的同时，也会对个体的自由有所约束。作为一个个体，如果罔顾红绿灯的规则，确实会得到更多的自由，但他的自由是以破坏他人利益为代价的。所以，为了保障交通顺畅，社会会对违反交通规则的个体予以惩罚。

婚姻制度也是一样的，也是人类进化到一定程度后发展出来的制度，这种制度的出现，是为了保障大众利益的。作为个体，如果破坏承诺，无疑会获得更多的自由和个人利益，但是，这种利益很可能是以损害他人利益为代价的。

破坏承诺最寻常的行为是出轨。一说到出轨，大多数人都会以为这是男人的专利，其实，从心理学角度来讲，男人女人都一样，人人都有出轨的可能。因为人类从本质上来说是一种高等动物，但高等动物也是动物，也会有原始冲动，这是自然的本能。所以，你对异性有感觉，证明你是健康的、是正常的。如果你对异性没感觉，那才是真正地有问题，说明你要么身体不健康，要么心理不健康，因为你习惯于压抑自己。对于这一点，夫妻之间要坦然地去承认这一点。

你对婚姻以外的异性有原始的冲动，但你能够用理性克制你的冲动，发乎情，止乎礼，依然选择忠诚于你的伴侣，因为你也希望自己的伴侣能跟你一样，尊重并忠诚于彼此之间的选择，这就是承诺。

遵守承诺等于选择接受部分约束，会失去部分自由。但破坏承诺是有代价的，肉眼可见的代价是家庭破碎、财产分割、孩子的心理健康会受到影响……还有无形的代价是心理受伤，从此对婚姻失望，选择一个人孤独终老等。无论是有形的还是无形的，破坏承诺的后果无异于一种灾难。

自由会带来代价，得到的同时也会失去。这就像有白天就会有黑夜一样，有一利就会有一弊。

所以，承诺是人类发展到一定阶段的一种智性之光，是人类权衡利弊之后做出的理性选择。

遵守承诺等于失去自由吗

我观察到很多心理学老师，特别是西方心理学老师都在宣扬一种观点——尊重自己内心的选择，这样确实能够让人得到解放，但是它会给人、给家庭、给社会甚至是整个民族带来很多的问题。

如果仅仅站在"我"的角度，一般人是不会轻易做出承诺的，因为对大部分人来说，承诺就意味着失去自由。可问题是，很多人就是因为不愿意给出承诺，一辈子都孤独地漂泊在寻找的路上，离他真正想要的自由越来越远。

承诺的代价真的就是失去自由吗？从表面上看，承诺会失去部分的自由，因为你做出了承诺，就得信守承诺，为了一棵树而放弃一整片森林。实际上，承诺是自由的一个保障。为何这样说呢？拿十字路口的红绿灯来说，红绿灯是不是限制了你的通行自由？可是，如果繁忙的十字路口没有了红绿灯呢？一片混乱，你更没自由了。

正因为有承诺，我们才得以获得更大的自由。

我曾写过一篇文章叫做《没有自律，谈何自由》。我到过几十个国家和地区，让我感觉到最放心的国家是新加坡。这个国家基本上没有小偷，因为有残酷的鞭刑。我即便是大晚上一个人背着包走在新加坡的街头，也感觉到很踏实、很惬意、很自在。

而最让我恐惧的，却是被称为最自由的西方国家——意大利。我曾两次组团去意大利，两次都有团友被偷。走在意大利的街头，我整个人都是紧绷被束缚的状态，根本无法真正做到自由自在地行走。

在以律法严苛著称的新加坡，遵纪守法的你能享受到最大限度的自由。而在所谓的"自由国度"，你却无法感受到真正的自由。

所以，承诺表面上看会失去部分自由，但它其实是自由的保障。

对婚姻制度来说也是如此。表面上看，婚姻不仅仅是双方对彼此的承诺——忠诚，它还意味着法律与道德意义上的约束——关系的排他性，走进婚姻就仿佛是走进了一座围城。因为害怕走进"牢笼般"的围城，越来越多的人对待感情的态度是"不主动，不拒绝，不承诺"，结果到最后，他们往往会孤独终老，失去了很多生而为人的乐趣。

婚姻制度确实会让个体失去部分自由，但，它也是自由的保障，因为婚姻制度的出现，避免了伦理上的混乱。在婚姻这座所谓的围城里，你在失去有限的自由的同时，也获得了更多的好处。

破坏承诺是个体意识；遵守承诺是整体意识，是一种顾全大局观，是飞鸟视野，是站在一个更高的维度来看这个世界并做出的选择，是出于长远利益的一种考虑。

为什么山盟海誓到头来会变成"空头支票"?

上一节我们讲清楚了,承诺是人的理性选择,是智性之光。可是,为什么有那么多的人会破坏承诺呢?

既然承诺是一种理性的选择,破坏承诺当然就是非理性行为。

什么是非理性行为?非理性行为就是那些由非理性信念导致的行为。

什么是非理性信念?非理性信念是由美国心理学家阿尔伯特·艾利斯在1955年首次提出的,非理性信念是指那些引发个体情绪失调和行为失常的偏颇想法,其特性为无弹性、非事实依据、不合逻辑。非理性信念是不合理的、夸张的、绝对化的、完美主义的、缺乏清楚思考的、易引起负面情绪及造成困扰的荒谬想法。

艾利斯认为人天生就具备了非理性的人格倾向,因此每个人的思考或多或少都以某种无效或顽固的方式进行,再加上父母师长或传媒的影响,因而产生了许多不合理、不具逻辑性或与事实不符的非理性信念。

非理性信念主要有以下四大特征:

绝对化

即从自己的主观愿望出发,认为某一件事件必定会发生或不会发生,常常带有"必须"和"应该"的特点,讲话时也常常带有"必须""应该"等字眼。持有这种非理性信念的人很容易产生失败感和挫折感,导致失落、自责或受到忧郁等情绪、行为的困扰。

比如，在婚姻中会有如下这类信念：

"你必须在我生日时送我礼物，否则，你就是不爱我！"

"你应该懂我，你连我想要什么都不知道，跟你生活还有什么意思？"

"你必须按我的方式去做，否则我们就离婚。"

当你内心有一个"必须"或者"应该"式的想法，而对方并没有按照你的"应该"去做时，也就是说，现实中的"如是"与你心中的"应该是"就会发生冲突，你就会感到痛苦，产生一系列不良情绪，在情绪的推动下，你可能会做出非理性的行为。

还记得在前面"冰山原理"那一章我讲过林文采博士那个个案吗？案主因为先生在她生日时没给她买蛋糕，因此决定跟先生离婚，这就是典型的非理性行为。

极端化

先说一个故事。

有位女案主在找我做婚姻咨询时，说她现在受不了她老公那聒噪的吉他声和他那走调的歌声，她老公一抱起吉他，她就烦。但不知为什么，当年老公追她的时候，她却感觉他的吉他和歌声那么好听。

她还记得，老公是她大学的学长，比她高一个年级。当年为了追她，每天抱着吉他在她宿舍的楼下给她唱歌，好多舍友都受不了他的歌声，纷纷用矿泉水瓶砸他，要把他赶走，唯独她觉得他的歌声十分动听。

为什么会这样呢？这就是极端化的例子，当年由于荷尔蒙的作用，她只看到对方美好的一面，屏蔽了不好的一面；而现在，由于某种原因对老公感到失望，就反过来只看到老公不好的一面，屏蔽了好的一面。

这种非黑即白，执于一端的现象就是极端化。这类信念常见于两大效应。

第一种叫光环效应，光环效应又称晕轮效应，是指在人际相互作用过程中形成的一种夸大美好一面的社会印象，正如日、月的光辉，在云雾的作用下扩大到四周，形成一种光环现象。心理学中的光环效应常表现在一个人对另一个人（或事物）的最初印象决定了他的总体看法，从而看不准对方的真实品质，由此形成一种好的"成见"。

光环效应在初恋时最为常见，那段时间由于荷尔蒙的作用，会无限放大对方的优点，无视对方的缺点，在你眼中，他几乎是完美的存在。

光环效应在出轨时也会起作用，由于距离所产生的美化效果，别人的老公/老婆都是完美的。

在光环效应的作用下，人会产生非理性行为。比如，不少少女为了一个想象出来的完美对象，不惜对抗父母的反对毅然与对方私奔，最后遗憾终身；也有人因为别人老公/老婆的几句温暖的关怀而误以为这个人才是完美的伴侣，甚至以身相许，导致家庭破碎。

第二种叫号角效应，又称为"恶魔效应"或"魔鬼效应"。与"光环效应"完全相反，是指在人际相互作用过程中形成的一种反向夸大的负面印象，就像中国人看妖怪一样，一旦认为你是妖怪，你所做的一切都是不好的，常表现在一个人对另一个人（或事物）一旦形成了不好的印象，就会形成一种全盘否定的"成见"。

号角效应常发生在关系的失望期，当一方对另一方感到失望时，就会放大对方的缺点，屏蔽对方的优点。在这种非理性效应的作用下，一个人很容易会产生冲动情绪，从而导致离婚、出轨等违反承诺的行为。

以偏概全

即凭借自己对某一事物所产生的结果的好坏来评价自己或他人的价值，表现为：一方面对自己的非理性评价，常常凭自己做某件事的结果好坏来评价自己为人的价值，其结果就是自暴自弃、自责自罪，认为自己一无是处而产生焦虑和抑郁情绪；另一方面对别人的非理性评价，别人稍有差错，就认为他很坏，其结果就是一味地责备他人，并产生敌意和愤怒的情绪。

在婚姻中，以偏概全的现象比比皆是。比如伴侣某一次忘记了自己的生日，就会认为对方不爱自己了；一次犯了一个小错，就判断对方是个渣男/渣女；一次迟到就认为对方是个不讲信用的人。

不管是哪一类非理性信念，都会导致破坏承诺的行为，给对方造成伤害。而且，这种伤害迟早有一天会反馈到自己身上，因为，任何缺乏整体平衡的行为，都会害人害己。

合理化

所谓"合理化"，其实就是一种自我欺骗。

当一个人在骗自己的时候，他并不知道自己在说谎。心理学研究发现，人们总想证明自己是对的，当人们一旦认定了某件事，或设定了某个目标后，可能环境已经发生了巨大的改变，原来的目标就算已经变得很荒唐，但为了证明自己是对的，人们总会找某些理由为自己开脱，使自己心理上得到安慰，从而看不到真正的事实。

合理化是心理防御机制的一种，在无意识中，人们会搜集证据为自己的行为做合理的解释，以掩饰自己的过失，缓解焦虑带来的痛苦和维护自尊免受伤害。合理化表现通常有如下三种：

1.酸葡萄式：这个机制引申自伊索寓言里的一段故事，对于狐狸来说，吃不到的葡萄都是酸的。人类也一样，当所追求的东西因自己能力不够而无法取得时，就加以贬抑和打击，这种合理化模式称为酸葡萄式。

2.甜柠檬式：狐狸吃不到葡萄，肚子又实在饿，就摘了一个酸涩的柠檬充饥，边吃边说柠檬是甜的。有时人们也会像这只狐狸一样，当我们无法得到更好的东西时，就会发展出另一种防卫机制，企图说服自己和别人，自己所做的或拥有的已是最佳的抉择，努力去强调事情美好的一面，以减少内心的失望和病苦，这种防卫机制会妨碍我们去追求生活的进步。

3.推卸责任式：这种防卫机制是指将个人的缺点或失败的责任，推给其他人或环境，从而让自己的心灵保持平静。这种方式在婚姻中最为常见，在两性关系中，我们总会把责任推给另一方，总认为问题是由对方造成的。

以上三种合理化表现其实都是在说谎，只是这种说谎并不是欺骗别人，而是在欺骗自己。这个欺骗自己的过程，就是"合理化"。合理化是找借口让自己内心更好受的一种非理性思维方式，实际上是一种自我欺骗，这也是导致婚姻破裂的一个原因。

如何才能增加婚姻中的承诺

既然非理性信念会让人受苦,那该怎么办呢?

面对非理性信念,最好的方法就是尽可能地让其理性,也就是让当事人看清楚事情的真相,当然,没有绝对的真相,我们能做的是尽可能地无限趋近于真实。

什么是"理性"?我在《改变人生的谈话》一书中对理性已做了详尽的讲解,下面摘录小部分,让本书变得完整。

什么是理性?理性和非理性相对,指按照事物发展的规律和自然进化原则来考虑问题,理性思维下,人们处理事情不冲动,不凭感觉做事情,而是冷静地面对现状,并全面了解现实,分析出多种可行性方案,再判断出最佳方案并诉诸行动。

法国哲学家、数学家笛卡儿是理性的代表人物,他是二元论及理性主义者。他所发明的卡氏坐标系至今还广为使用。什么是卡氏坐标系?如下图所示:

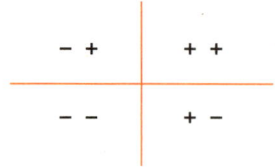

对于那些不喜欢数学的读者来说,我猜他们马上会想:这是一个数学坐标,跟我们生活有什么关系呢?先别急,我换一张图马上就有关系了:

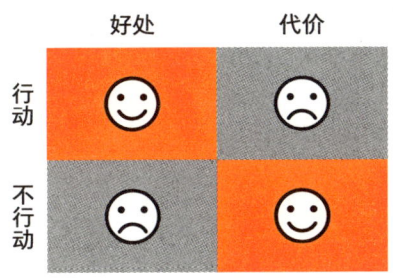

做或者不做一件事，一定有它的好处和代价。比如，假如你有一位朋友婚姻遇到了问题，他问你："我是否应该离婚？"

你该如何回答呢？这是一个两难的问题。如果你回答"离"或者"不离"，然后找理由证明你的观点，这就是"合理化"，是一种非理论的行为，因为，从卡氏坐标系里你可以看到，你只是看到了四个象限中的一个，就像中国经典故事"盲人摸象"中的盲人那样，你的认知是狭窄的、片面的。

那理性主义者会如何回答这个问题呢？他会问如下四个问题：

1.离，有什么好处？

2.离，有什么代价？

3.不离，有什么好处？

4.不离，有什么代价？

问完这四个问题之后，他会反问朋友：那你离，还是不离？

从上述的案例中可以看到，理性思维已经比合理化全面太多了，可是，这依然是不够的，因为卡氏坐标系虽然有四个象限，但依然是平面的、两维的。在两维的世界里，不管如何扩展，依然还是有限的。比如土地，就算你不断拓宽你的领土，你最大限度也不过是拥有整个地球。但如果你增加一个向上的维度，你可以拥有整个宇宙。所以，维度越低，局限越大。

避免破坏承诺的小方法——反击其身

在讲述这个小方法之前,先跟大家分享《吠陀经》中的一个故事:

有十个无知的人,他们一起过河。过河后,每个人都要点数,看看是否有人落下了。他们每个人点出来的人数都是只有九个人,少了一人。他们都很痛苦悲伤,一起哇哇地哭。有一个人路过这里,看到他们在那里哭,问清了缘由后,他也数了数人数,是十个人啊,你们怎么数的只有九个?原来,他们数人的时候只数别人,唯独没有算上自己。

这让我想起了自己的一次亲身经历。有一次,我带女儿去北京游玩,由于一直钟情于北京四合院,于是去之前就订了一家四合院落脚,环境比较幽静,里面住的大都是对中国文化感兴趣的外国人。有一天午后,大人们都在午休,几个小朋友在院子里玩,声音有些吵闹。

不一会儿,一位中国妈妈走到孩子们面前,大声呵斥了那帮孩子:"不要吵!给我安静!你们这样吵闹,会影响外国朋友休息的!"其实,最吵的恰恰是她自己。结果,正是她的那句话,把左邻右里的住客都给吵醒了,然而,她自己却没有意识到这一点。

在婚姻中,这种现象颇为常见——我们只会看到伴侣的问题,却对自己的问题熟视无睹。正因为这样的盲点,导致了婚姻中的非理性行为。

这就是我们的习性,我们都很容易看到别人,特别是别人的缺点,但唯独对自己的缺点视而不见。那怎么办呢?如何才能看见自己?

在心理学中有一个方法叫做"反击其身",对于让一个人看见自己会有所帮助。

我们先讲一个故事：

孔融让梨的故事，我们都很熟悉。孔融是东汉末年的大文学家，"建安七子"之一，他小时候除了孝顺，还非常聪明。十岁那一年，在一次名人雅士的聚会中，孔融语出惊人，在场的人纷纷夸奖他，有一个叫陈韪的很不以为然，他说："小时了了，大未必佳。"意思是小时候聪明，长大了未必就能出众。孔融听后，应声答道："想君小时，乃当了了。"他顺应陈韪的逻辑，表面上夸赞他小时候一定很聪明，实际上是贬损他现在不出众，一句话堵得陈韪张口结舌。

这个故事中，孔融回击别人攻击的技巧就是"反击其身"——以其人之道，还治其人之身，借用对方的逻辑，推翻对方的观念。

这种根据信念所定义的逻辑，或信念所陈述的标准，重新评估信念的方法，叫做"反击其身"。

所谓的"反击其身"就是就顺着对方的逻辑去破掉对方的信念。 这个技巧适用于对方强词夺理的时候，他的信念看起来无懈可击，其实暗含着错误的逻辑，这时，我们不要跟他争辩，只需要冷静地倾听，抓住他的逻辑漏洞，通过反击其身对他进行反戈一击。

"你真没礼貌！"在公众场合，比如地铁、图书馆、咖啡馆里，我们经常听到有人这样义正词严地斥责别人，可是，他在公众面前指责一个人没礼貌的这种行为有礼貌吗？显然不是。抓住这个逻辑，我们就可以有力地回击他。这就像照镜子一样，我们把他的逻辑照给他看，他就会觉得很荒唐。

全球著名投资界大佬达利欧曾说过一句话："人类最大的悲剧，就是脑子里有错误的想法，而自己又意识不到。"大多数人在指责对方犯下的错误的时候，往往看不到自己正在犯同样的错误。类似的情况还有很多：

一个大声让别人安静的人，他是不是最吵闹的？

一个不断要求别人包容的人，他包容吗？

一个不断强调要放下的人，他真的放下了吗？

一个执着于不执着的人，他是不是有更大的执着呢？

明白了这个道理之后，我们不妨用同样的逻辑反问自己：

当我指责伴侣不爱我的时候，我真的爱他吗？

当我抱怨伴侣不够包容的时候，我真的做到包容了吗？

当我攻击伴侣身上的缺点的时候，这何尝不是一个缺点？

当我指责伴侣不够肯定我的时候，我有肯定他吗？

当我抱怨伴侣心胸太狭窄的时候，我的心胸有多大呢？

当我认为伴侣不够温暖的时候，我自己温暖吗？

太极之道讲究阴中有阳，阳中有阴；孤阴不长，独阳不生；阴阳互藏，生生不息。我们自以为正确的，也许并不一定正确，如果能站在这个角度看，很多执念也就消失了。

为什么成功的事业易得，而幸福的婚姻难求呢？因为事业成功与否，我们会把责任落在自己身上。而婚姻出现问题，我们都会把责任推给对方。

当我们把婚姻的责任推给对方时，也等于把主动权交给了对方，只有自己承担责任，我们才能拿回生命的主导权，让责任回归，才是幸福婚姻的关键。所以，当你抱怨伴侣，对伴侣感到失望，打算背弃当初承诺的时候，请你用"反击其身"的方式问问自己，也许你对自己的亲密关系就会清醒很多。

既然承诺是人类理性的选择，只要我们能够回归理性，就会增加承诺，让爱稳定持久。

因为这部分内容我在另一本书中讲过，所以，这里就不展开阐述了，如果想了解更多理性思维的方法，请阅读我的另一本书——《改变人生的谈话》。

但愿大家看清楚了婚姻的真相后，依然热爱你的伴侣、你的家庭。

结语

完美与卓越：
爱的终点不是完美

完美的爱情人人都向往。可是，完美的爱情和婚姻为什么这么难？

关于爱情和婚姻，作家周国平曾说过这样一段话，我们或许能从中找到答案：

"性是肉体生活，遵循快乐原则。爱情是精神生活，遵循理想原则。婚姻是社会生活，遵循现实原则。这是三个完全不同的东西。婚姻的困难在于，如何在同一个异性身上把三者统一起来，不让习以为常麻痹性的诱惑和快乐，不让琐碎现实损害爱的激情和理想。婚姻的困难在于，婚姻是一种社会组织，在本性上是要求稳定的，可是，作为它的自然基础的性爱却天然地倾向于变易，这种内在的矛盾是任何社会策略都消除不了的。面对这种矛盾，传统的社会策略是限制乃至扼杀性爱自由，以维护婚姻和社会的稳定，中国的儒家社会和西方的天主教社会都是这种做法。这样做的代价是牺牲了个人幸福，曾在历史上——在较弱的程度上仍包括今天——造成无数有形或无形的悲剧。然而，如果把性爱自由推至极端，完全无视婚姻稳定的要求，只怕普天下剩不下多少幸存的家庭了。"

这番话可谓是醍醐灌顶，一针见血地道出了婚姻难的真相——罗伯特·斯滕伯格告诉我们，完美的爱情和婚姻是激情、亲密和承诺的完美组合，可是，有多少人的爱情和婚姻是恰如其分地同时具备爱情三要素呢？

有多少完美的爱情我不知道，我知道的是我自己的婚姻并不完美。

还记得在"承诺：让亲密关系可以长久的力量"那一章我讲过的吴源泽的故事吗？有一次我跟我太太与吴源泽和他的某一任太太一起吃饭，没想到这顿饭成了我婚姻的一个魔咒。为什么会这样呢？

在这顿饭中，吴源泽的表现堪称完美，可谓是暖男的教科书，从帮太太开门、拉椅子、脱外套，到夹菜、倒茶、清骨碟，就连装好的汤也要先试过温度适合才端给太太，这一幕被我太太当成了标准。老天，如果不是我太太经常拿这说事，我还真不知道有如此多的细节。

我太太所不知道的是，吴源泽先生对他太太如此，对其他漂亮的女士也是如此，正如他说的："我对每一个女人都是真爱。"

也许生活中有不少人跟我太太一样，要求伴侣既要像吴源泽对太太那样体贴、浪漫，又要忠诚、承诺，同时还要充满激情。我们总会看到自己伴侣缺失的部分，羡慕别人伴侣拥有的部分，于是，在婚姻中总是充满了失望。

完美爱情是亲密、激情、承诺这三个要素的完美组合，但事实是，并不是所有的爱情都能满足这三个要素。因为亲密、激情和承诺这三者之间既有相互支持的部分，也有相互冲突的部分，所以，在本书的最后，我想让你看清真相。

1. 亲密与激情

难以在夜晚去亲吻整天对我谩骂的嘴唇。

——Notorious Cherry Bombs 合唱团

美国历史频道曾经拍过一个纪录片《一周性爱改善实验》，节目组每一集都会邀请两对夫妻参加这个性爱实验，让他们在实验的一周中，无论白天发生了什么，是否争吵，晚上都必须要互相调情，谈性做爱。一周之后，在大多数夫妻之间都发生了神奇的改变：那些平时争吵不断的夫妻，关系变好了；那些冷战多年的夫妻，开始变得无话不谈了；那些从不做家务的男性，开始帮助太太分担家里的工作了。

为什么这些问题夫妻，没有经过专业的心理咨询，只是纯粹完成任务般地完成每天的性爱功课，亲密关系就会发生改变呢？

原来，亲密与激情有相互促进的作用：激情后会分泌特定荷尔蒙让关系变亲密；亲密会产生激情荷尔蒙让你更加激情。这两者就像鸡与蛋一样，不管先有了哪一个，都会自然诞生另一个。

既然是相辅相成的，那反过来也一样，任何一个破坏后，都会直接影响另一个。亲密关系破坏后，激情也会被破坏，就像Notorious Cherry Bombs合唱团那句经典的歌词那样："难以在夜晚去亲吻整天对我谩骂的嘴唇。"同理，激情遭到破坏后，亲密也无所依存，这就是那些无性婚姻最终会走向破裂的原因。

亲密与激情也会有相互制约的作用。爱情需要有亲近感，但太过于亲近会让性变得死寂，因为保持激情需要距离感和神秘感。

2. 亲密与承诺

亲密与承诺的关系也是相辅相成的，承诺是亲密的保证，承诺会让伴侣更有安全感，有助于亲密关系的建立。同时，亲密的关系会让人更容易遵守承诺，因为亲密的关系会生产一种吸引力，让人更愿意留在关系中。

3. 承诺与激情

承诺与激情是矛盾的关系，因为，承诺，是砌墙，是安全的需要；激情，是拆墙，是扩展的需要。关系需要安全，但安全会破坏活力，所以，激情需要在系统平衡的框架内，承诺需要在双方协商中尽可能地拓宽框架。

长久的爱情需要承诺感，可是，激情浪漫的爱情往往需要变化。

所以，当你的伴侣对你忠贞不二的时候，你又会觉得自己的爱情和婚姻少了点浪漫和激情；当你的伴侣体贴浪漫、情感细腻的时候，你又会觉得自己的爱情和婚姻少了一份安定和安心。

在亲密关系里，我们是很难同时具备亲密、激情和承诺这三个要素的。这就是完美的爱情和婚姻之所以难的根本原因所在。

世间没有完美的伴侣，更没有完美的爱情和婚姻。那为什么有的人把婚姻过成了爱情的坟墓，有的人却把婚姻过成了滋润爱情的阳光雨露呢？关键在于你是否能做到觉察和接纳。

你能否在婚姻中保持一份觉察？

所谓觉察，就是看清楚自己的婚姻真正存在的问题。

尽管爱情千差万别，但现实生活中的爱情都是由亲密、激情、承诺这三个要素组合而成的，不同的组合方式表现出了不同的爱情类型。比如说：

完美的爱是激情、亲密和承诺三者兼而有之——这是人人都在追求和向往的；

只有亲密的爱，仅仅只是喜欢——这种喜欢跟喜欢某个宠物、某个心爱物件并无多大差别；

只有激情的爱，就像烟花一样来得快，去得也快；

只有承诺的爱是空洞的爱，家就像旅馆，两个人都活得各自冰冷；

浪漫之爱有亲密、有激情，却少了带来安全感的坚定承诺；

陪伴之爱，有承诺、有亲密，却少了份激情和乐趣，两个人就像左手摸右手；

当婚姻生活有承诺、有激情，却少了亲密时，这样的爱又走不长远；

如果三个元素都缺失，那就是无爱，这样的婚姻还有什么意义呢？

所有的爱情和婚姻问题，都可以归因于某个要素的缺失。只有当我们看到了自己的婚姻缺少了哪个元素时，我们才能对婚姻状况做出调整，让婚姻变得更幸福。

没接触心理学之前的团长也不懂得觉察，只会凭着自己的本能去爱，结果，我掏心掏肺的付出得到的却是太太的不断抱怨——"你不爱我"。当时的我也不理解，我把自认为最好的都给到了我太太，结果她却说我不爱她。

学习心理学之后，我觉察到了我太太抱怨的真正根源——我的婚姻有亲密、有承诺，但是，我太理性、太冷静了。人一旦过于理性，就很难浪漫起来。

看见是改变的开始。当我觉察到自己的婚姻缺少了激情之后，我便经常有意地制造一些浪漫带给我太太惊喜。自此之后，我发现，我太太的抱怨越来越少了，我们之间的关系也开始有了一点点的浪漫。

我可以做到，你当然也可以。具体怎么做呢？简单说就是缺什么，就去补什么。比如说，当你觉察到自己的婚姻过于平淡、单调时，能有意地将与激情有关的元素，如专注、未知和挑战、变化和创新、想象和神秘等重新植入到自己的亲密关系中，唤醒激情；当你觉察到自己的亲密关系不够亲密时，有意识地卸下层层防卫和盔甲，开始与伴侣谈感受，谈观点，谈需求和渴望；当你觉察到自己的婚姻缺少承诺的时候，能主动做出一些改变来增进亲密关系中的承诺感……

当你觉察到了这一点，并有意识地去改变自己的时候，我敢保证，你的婚姻一定会越来越美好。

你能否接纳伴侣的不完美、婚姻的不完美？

亲密关系中的绝大多数问题和矛盾，其实都源自无法接纳对方的不完美。比如说：

我习惯于家里干干净净、井井有条，你却老是丢三落四；

我习惯于吃饭的时候安安静静的，你却吧唧嘴巴太讨厌；

挤牙膏大家都是从末端开始挤，你却硬要从中间开始挤；

我理想中的伴侣应该是上进的、努力的，你却沉迷于游戏不思进取。

不接纳的结果就是，这些生活琐事就像火苗一样，一点就着，甚至会形成燎原之势，让你的婚姻生活不得安宁。

每个人都是不完美的。既然爱情和婚姻注定不能完美，那我们该怎么办呢？我们需要做的，不是去寻找一个能给到自己亲密、激情和承诺的所谓"完美伴侣"，而是去接纳伴侣的不完美、婚姻的不完美。

虽然这世界上并不存在所谓的"完美"，但我们可以去追求卓越。而让婚姻变得更加美好的唯一方法是——去成长、去行动。如何成长、如何行动呢？我们整本书都在回答这个问题。相信大家看到这里，心中已有答案。

最后，团长送给大家一句话，不管你结婚与否，不管你的婚姻状况如何，不管你的婚姻正处于多么难的一个境地，请你永远相信，人是活的，只要生命还在，一切都有可能改变。只要你愿意学习，只要你愿意成长，只要你愿意去付诸行动，我相信，你将会获得最适合自己的"卓越爱情"。

附录

没有坏人，只有病人

01

某网站曾做过一次调查:"你在什么情况下会选择离婚。"

有 10 个选项:

① 当我觉得我自己走了九十九步,而他却一步也未曾向我靠近的时候。

② 对话只剩下:哦、好、嗯、知道了。

③ 发现自己没有他,反而过得更好了。

④ 找我借钱的时候。

⑤ 失望太多次,终于绝望。

⑥ 没有过得更好,一直在过得更坏。

⑦ 你看了他一下午,他看了手机一下午。

⑧ 得不到回应。

⑨ 当发现自己连争吵、解释的欲望都没有了,只想安安静静睡一会儿的时候。

⑩ 等对方关心,等到心灰意冷不想自我折磨了。

调查中,所有网友选得最多的是第六项:两个人在一起后,没有过得更好,反而过得更坏。

作家苏更生说:"爱情是一场不断爬楼梯,向上亲吻到星空的运动;

如果你们不断向下，连大地的花草都失去的话，爱情就会成为一场悲剧，爱情就是坟墓。"

以我二十多年的心理导师经验来看，把爱情换成婚姻也是一样的。人们总说婚姻是爱情的坟墓，大多都是因为越走越向下，没有过得更好，反而过得更坏。

为什么会这样呢？我们又该如何避免让婚姻向下堕落，而是不断向上爬，触到星空呢？

02

我们来看这样一个案例。

记得有一次我在江西开授"重塑亲密关系"课程，课堂上的付新和李霞夫妻，相恋七年才决定结婚，但没承想，才结婚三年，婚姻就变成了爱情的坟墓。

在做夫妻个案前，我一般会先问当事人，婚姻遇到了什么难题，很多人这时都会拿起话筒一顿抱怨，而付新却只说了三个字，这三个字，让全场都安静了下来，也让坐在他身边的李霞把头垂得更低，他说的是：

"她出轨！！！"

我问李霞，丈夫说的是真的吗？她羞愧地点了点头，后来解释道，她和对方并没有身体关系，只是经常约一起聊天解闷，自己还会给对方钱花。但是，"我并不爱他的，我不是认真的，我……"

付新听到后，厌恶地把头转向一边，显然对这些说辞他已然厌倦，觉得这只不过是借口罢了！

同时，他举起话筒无奈地说："我自己就是咨询师，我的妻子还出轨……这一切还有什么意义……"

李霞也忍不住了："就是因为你是咨询师，你天天都把时间花在来访者身上，你的爱都给了他们。那我呢？我知道我对不起你，但是……我也需要你啊……"

"别找借口了！错了就是错了！别把责任推到我身上……"

"停！"我打断了付新的话，安抚他先冷静些，让妻子把话说完，我已经感觉到了，李霞说的不是所谓"借口"，恰恰是这段婚姻差点破碎的关键。

李霞继续说："我去年辞掉工作，准备今年和朋友一起做服装生意，没想到碰上疫情……一转眼我就在家待了三个月，好不容易可以开始正常做生意，但我们原本二十多人的团队，缩减到现在只剩三个人，我扛的事情越来越多，压力好大，经常晚上想回来和你聊聊天，想你像以前那样亲亲我抱抱我，但是你一回家就说自己累了，我要是有什么委屈，都不敢和你说……"

我想，很多人可能看到这里会为付新感到不平。明明自己被"绿"了，还要回过头来听这些牢骚。

但我们如果只是揪着某个"过错方"的行为不放，而不去看背后的原因，除了得出一个"婚姻就是围城"的结论，对生活又有什么帮助呢？

婚姻破碎，家庭不和，孩子失去了父亲或母亲，这难道就是我们想看到的吗？

团长不是想教大家什么大道理，只是不希望看到更多人，僵化地用一些有限的理解与应对方式，自己深挖婚姻的坟。

如果你已经认定，渣男（渣女）就该天诛地灭，即使是自己的伴侣，这篇文章你不用往下看了。但如果，你真的想看看背后的原因，对未来还有所希冀或者希望以后自己的关系不要踩坑，那么，接下来的内容，值得你好好阅读。

03

　　我请李霞在台下找人扮演她的父母,用萨提亚雕塑的手法,带她去探寻自己的内在。

　　讲台上,李霞的爸爸(扮演者)和妈妈(扮演者)都用手指着她,呈指责的姿态。而她(扮演者)则是单膝跪在地上,呈讨好的姿态,泪眼婆娑地望着自己的父母。

　　原来,李霞生长在一个重男轻女的家庭,她刚好赶上了计划生育的浪潮。

　　爸妈一直觉得她占了"指标",她妈怀孕时,还听乡下奶奶的话,冒着胎儿畸形的风险吃了"转胎丸",希望生下的是个儿子。

　　结果,她非但不是男孩,还自幼体弱多病,更招父母嫌弃。

　　后来,父母以上班繁忙为由,把她托付给乡下奶奶照顾。奶奶也想抱孙子,对她也是冷言冷语,说她柔柔弱弱干不了活就算了,还白吃家里那么多饭,拿去喂猪都更有用。

　　所以,从小,她受了委屈也不敢和人说,只能夜里默默流泪。

　　直到遇到丈夫,她的心门才被打开。心理咨询师出身的他,懂得共情,也懂得关怀。总能听她诉说伤心的过往,夜里听她打电话可以听好几个小时。天冷了,还亲自下厨,坐公交车从城南到城北给她送"秋天第一碗热汤"。

　　她觉得自己简直是世界上最幸福的女人,但由于没有安全感,她一直不敢踏进婚姻的门,因为她听过太多人说,婚姻是爱情的坟墓,可是一晃七年了,他对她依然像温暖的大白,她告诉自己,这个男人是值得的,于是,走进了婚姻的殿堂。

　　可随着孩子出生后,丈夫的影响力也越来越大,生意也越来越好了,工作事务更加繁杂,接诊的病人也越来越多,常常一整个周末都要待在咨询室。而当丈夫休假时,她却要去上班。

　　就这样,一天天,一夜夜,她只能守着空房过日子。小时候那种寂寞无助的感觉又袭来了,也就是这时,一个男下属走进了她的生活,她知道自己不爱他，但这个比她小的男人太会关心人了，跟当年拍拖时的丈夫一样，仿佛找回了那些失去的爱，于是她明知这样做有负丈夫，但依然身不由己，甚至明知对方只是想向她要钱，也依然无法自拔。

04

当做完这个雕塑后，我的眼前已经出现了妻子李霞的冰山，也顺势找到了她"出轨"的原因之所在——内在的匮乏。

从萨提亚女士发展出来的"冰山原理"中，可以看出行为背后的种种原因。**如果关系出现问题，往往是因为彼此看不到对方行为背后的深层"需求"。**

我们每个人就像一座漂浮在水面上的巨大冰山，能够被外界看到的行为表现或应对方式，只是露在水面上很小的一部分，大约只有八分之一露出水面，另外的八分之七藏在水底，这八分之七，才是影响我们关系的关键。

李霞因为从小缺爱，在渴望层面上形成了一个巨大的空洞，就像一个饥饿的人，会不由自主地寻找食物一样，总在寻找一个能弥补当年失去爱的人。当她遇到从事心理咨询师的丈夫时，心理咨询师那受过训练的、具有特强共情能力的温暖品质，一下子满足了她精神上的缺失。所以，当年她与丈夫的结合，并不是爱，是"错把需求当成爱"的典型。

结婚之后，丈夫忙于工作，不能再像恋爱时那样满足她的渴望了，于是，内心深处的匮乏感再次浮现，特别在工作遇到压力的时候，那种需要被爱的匮乏感就会更加严重。碰巧这个时候，有另一个温暖的男性出现在她的生活里，让她感觉到被爱、被看到、被理解、被重视，于是，她和这位男士发展了极其暧昧的关系（行为）。

李霞的情况并不是特别的，很多婚姻出轨的案例都有同样的原因。

那些千夫所指的"渣男渣女",与其说他们是坏人,不如说他们是病人,是在成长过程中由于缺爱而在内心留下一个空洞的病人。

为了填满内在那颗匮乏的心,很多人都会做出社会伦理所不能容忍的"坏"行为。比如:

那些在家庭、学校备受指责的学生,会沉迷网络游戏,因为在虚拟的世界里,比在现实的世界更容易获得成就感。

那些在关系中伤痕累累的人,会沉迷于酗酒、毒品、赌博、性等行为,因为这些上瘾性的行为可以暂时麻醉自己,可以暂时不用去面对关系中的痛苦。

还有,那些备受赞誉的工作狂,其实也是这一类心病所导致,那些自小缺爱的孩子,长大后往往会沉迷工作,因为工作上的成就能够暂时填补一下那颗匮乏的心。

这类病人有一个共同的特征,他们在人际关系中无法获得足够的心理营养,只能牢牢抓住那些便捷的填补方式,比如婚外情、性、酒、游戏、毒品、工作等来暂时性地告别痛苦。这样做表面上看好像能够缓解缺失的痛苦,但事实上反而会让问题变得更加严重,带来更大的空虚,这就是大多数上瘾症背后的原理。

而在婚姻中,这种空虚、匮乏的感觉跟毒瘾是一样的。明知道婚外情不好,但是它总能诱惑你、提醒你,满足它会有多少快感。

精神上的匮乏通常是童年落下的病根,一个人在成长的过程中如果心理营养不足,也就是说被爱的需求一直得不到满足,就会产生强烈的匮乏感。一个心理营养不足的孩子,长大成年后就会把当年从父母那里得不到的需求转移到伴侣身上,潜意识里总渴望对方能成为那个完美的客体,看到"我",满足"我"。当对方满足不了自己时,就会在婚姻外寻求满足,就像是一个饿了的人,一定要去寻找食物一样。

所以,"坏人",不过是"病人"而已!那些所谓"渣男渣女",只不过是一群精神"饥饿"的病人。

05

这听起来有些"无望",让人觉得"不敢再爱了"。因为我们常常听到这样的言论:"因为我从小没有被爱,或者现在我没有在爱中,所以我也不能去爱人。"

但其实,缺少爱的经历和滋养,不等于缺少爱的能力。只要找到"病因",我们就有重新获得幸福的可能。

经历会影响人,但不能决定人。如果你的身边有这样的"病人",该怎么办呢?

第一,唤醒你的慈悲心。

"坏人"的内在是"病人",当你能够看到这一点,你的慈悲心就会生起。

请你想象一下,如果你的伴侣生病了,你会怎么做呢?除非你是一个恶毒的人,否则,我相信你会对他照顾有加,因为你爱他,希望他能早日康复。可是,绝大多数人对心理上有病的人,不仅不会关爱,反而会落井下石、雪上加霜。为什么会这样呢?

原因只有一个,因为我们看不到他是个病人,在我们眼中,他只是个坏人,是渣男、渣女!

第二,疗愈或者离开。

当双方褪下情绪的外衣,明了彼此内心真正的感受和渴望,看到了行为背后的内核,面对全新的彼此,你可以做一个明智的抉择。

如果你还爱对方,或者你还在意共同创建的那个曾经温暖的家,还在意共同拥有的孩子和亲人们……你可以选择去帮助对方疗愈他那颗受伤的心,就像你会愿意帮助你的爱人治愈他患病的身体那样。只要伤口愈合,受伤的灵魂得以治愈,失去的爱就能回来,濒临破碎的家也会重现温暖,焕发生机。更重要的是,那个差点失去家庭温暖的孩子,又可以拥有一个幸福的成长环境,不再需要用一生去疗愈他不幸的童年。

当然，如果你看清楚真相后，选择分手，也是可以的，我尊重你的任何选择。只是，在选择之前，也请你看清楚自己的冰山，看看自己是否跟对方一样，也是个病人，也有一个由匮乏造成的洞，也在同样渴望着别人填满……如果真的是这样，那么，在选择分手前，最好先疗愈自己。否则，带着创伤是很难找到幸福的。不仅如此，还会继续祸害他人，何苦呢？

两个人既然走到了一起，何不彼此顾念？每个人都渴望被爱，正如我们自己也渴望被爱一样。

一个受伤的人，最需要的不是被指责，而是有人能够帮他包扎伤口。如果连他的家人都不愿意帮他疗伤的话，又有谁愿意为他疗伤呢？如果每一个家庭都把受伤的人推向社会，那我们所处的社会会变得如何呢？也许，这就是为什么社会上"渣男渣女"越来越多的原因吧。

06

在帮李霞、付新夫妻做了一些家庭重塑的治疗工作后，我给付新留下了一个小小的功课。

我问他："你是专业的咨询师，以前是因为当局者迷，你看不到太太是个病人，现在你已经清楚地看到这一点了，在你做是否离婚的决定之前，你愿意先把她当成你的客户，为她疗愈内心的创伤吗？"

付新："我愿意。"

团长："以你的专业水平，你需要多长时间？"

他想了一想说："一年吧。"

但愿他在接下来的一年时间里，像对待他的来访者那样对待他的太太。当然，我知道这是一件不容易的事情，但为了他们共同的孩子，也为了未来的幸福，再难，也是一件值得做的事情。

我明白，和一个"病人"相处不容易。但是，路仍然在你的脚下，而我也相信，爱始终在你的心中。如果不爱，请别互相伤害；如果很爱，请爱够一世春暖花开。

如果非说婚姻是爱情的坟墓，那这座坟一半是父母挖的，另一半则是自己挖的。

当两个人都只是停留在行为层面去互动，没办法穿越冰山看到对方的痛苦，只会把这座坟越挖越深，最终埋葬了自己，埋葬了家庭。

美国著名心理学家艾瑞克·弗洛姆在《爱的艺术》中说：成熟的爱是我爱你，所以我需要你；是一个成年人可以用自我负责的方式，更真实地看到对方和自己。

如果你愿意学习心理学，愿意疗愈，让自己成长，同时用对待自己的方式去支持伴侣的成长，即使父母当年帮你挖了一个深坑，你们也可以选择在坑上种一棵大树。只要你们愿意共同培育这棵大树，它一定会回报你们幸福的果实。

随书附赠课程

扫描下面二维码,关注作者公众号"黄启团",
与作者一起共同成长!

在公众号上回复"亲密关系",免费获得价值百元的
音频课程"谈一场不分手的恋爱"。

亲密关系

作者_黄启团

产品经理_张幸　装帧设计_吴偲靓　产品总监_何娜
技术编辑_白咏明　责任印制_梁拥军　出品人_王誉

果麦
www.guomai.cc

以 微 小 的 力 量 推 动 文 明

图书在版编目（CIP）数据

亲密关系 / 黄启团著. -- 成都：四川文艺出版社，2022.5
ISBN 978-7-5411-6329-6

Ⅰ.①亲… Ⅱ.①黄… Ⅲ.①心理学—通俗读物 Ⅳ.① B84-49

中国版本图书馆 CIP 数据核字（2022）第 054846 号

QINMI GUANXI
亲密关系
黄启团　著

出 品 人	张庆宁
责任编辑	范菱薇
责任校对	段　敏
出版发行	四川文艺出版社（成都市锦江区三色路 266 号）
网　　址	www.scwys.com
电　　话	021-64386496（发行部）　028-86361781（编辑部）
印　　刷	河北鹏润印刷有限公司
成品尺寸	152mm×229mm
开　　本	16 开
印　　张	17.5
字　　数	250 千
版　　次	2022 年 5 月第一版
印　　次	2022 年 5 月第一次印刷
印　　数	1—35,000
书　　号	ISBN 978-7-5411-6329-6
定　　价	59.80 元

版权所有　侵权必究。如发现印装质量问题，影响阅读，请联系 021-64386496 调换。